September 2000
Verlag **ART and SCIENCE**.de

Umschlaggstaltung: Frank Pfeifer, Kai Helge Wirth
Layout und Sternbildkarten: Frank Pfeifer
Illustration „Stonehenge“ auf Seite 20: Georg Roether
Herstellung: Libri Books on Demand
Printed in Germany ISBN 3-8311-0780-7

Kai Helge Wirth

Ursprung der Sternbilder

Ein prähistorisches Navigationssystem

oder

Das Nautische Internet

artandScience.de

Inhaltsverzeichnis

Vorwort

Mit dieser Veröffentlichung zieht der Autor für uns einen Schleier hoch, der Jahrtausende lang über einem vorgeschichtlichen Orientierungssystem lag, das sich uns vor Augen stehend darbot, aber nicht mehr als solches erkannt und entschlüsselt werden konnte.

Überraschend zeigt sich nun ein prähistorischer Kenntnis- und Kommunikationshorizont des frühen Menschen. Er weist weit reichende Erfahrung und Wissen über Gestalt und Verlaufsrichtungen von Grenzzonen, Küstenlinien von Kontinenten, Meeren und Schiffsrouten auf. Zugleich erschließt sich ein Ortungssystem, das im Detail wie im Ganzen ein gemeinsames Bezugsnetz bildet. Es basiert auf der Nordausrichtung im Himmelsnorden und dem geographischen Nordpol als ruhenden Punkten einer Orientierungsachse.

Dies alles konnte im quasi abstrakten „Lochkartensystem“ der unzähligen Lichtpunkte des nächtlichen Sternenhimmels dargestellt und eingebracht werden. Die Herkunft der so genannten „Sternbilder“, deren rätselhafte mythologische

Bedeutung uns bis heute beschäftigt, konnte nun mit dem hier aufgedeckten Verfahren des vorgeschichtlichen Menschen und seinem pragmatischen Zweckbezug gleicherweise plausibel wie überraschend nachgewiesen werden. Frappierend ist zugleich die Genauigkeit sowie die probate Methodik der Projektion in ein prähistorisches „Lichtpunktesystem", das sich allgegenwärtig vor Augen stehend, als ein Orientierungs- und Kommunikationssystem erster Ordnung darstellt. Wir sehen verblüfft und staunend eine frühe Geistesleistung, die uns zwingt, den ganzen Komplex der Vorgeschichte des Menschen neu zu sehen und zu bedenken.

1. Einleitung

Projektion der nordatlantischen Hemisphäre an den Himmel

Die bisherige Altertumsforschung hat die weit zurückreichenden frühen Sternbildprojektionen bislang nur unzureichend erforscht. Die Sternbildnamen wurden auf der Basis ihrer Ableitung von Mythen, religiösen Vorstellungen und von den Bedingungen eines vermutlichen jeweiligen Zeitmilieus her gedeutet.[1] Jedoch wurden bestimmte Fragen, wie die nach der zusammenhängigen Struktur der Lichtpunktekonstellationen, schlechthin ausgeklammert. Versuche, ein Sternzeichen für Löwe, Steinbock oder Schlange als vereinfachte Gestalten der namentlich genannten Tierfigur zu deuten, erwiesen sich als dürftig und wenig überzeugend.

Von hieraus sind die zusammenzusehenden Sterngruppen jedenfalls nicht erklärbar. Dabei ist in Betracht zu ziehen, dass es sich beim Erfassen eines bestimmten Sternbildes um einen Prozess der Selektion handelt. Die Sterne der Konstellation müssen, bei der unübersehbaren Vielzahl von Lichtpunkten am Nachthimmel, vom Umfeld abstrahiert werden. Hierbei werden zugleich mal stärker, mal heller, mal schwächer hervortretende Sterne in einem optisch nicht zusammenhängenden Verbund in eine Sternbildeinheit gebracht. Der sehende Übergang von einem der Lichtpunkte zum anderen muss dabei in ganz bestimmter Weise vollzogen werden, um die gemeinte Sternbildgestalt überhaupt wahrnehmen zu können.

Als Erfassungskoordinaten innerhalb der Sternenfülle am Himmel treten von sich aus nur besonders stark leuchtende[2)] bzw. dicht beieinander stehende Lichtpunkte hervor. Diese sind mit den anvisierten, gemeinten Sternbildkonstellationen aber nicht identisch. Um ein komplexes Sternbild identifizieren zu können, sind immer wieder schwächere, nicht von sich aus hervortretende Sterne hinzuzuaddieren.

Dies bedeutet, dass ein bestimmtes Vorstellungsbild (ähnlich einer „mental map") vom Himmel abgelesen werden muss und es erhebt sich die Frage, welches Bild gemeint ist und welcher Schlüssel zu seiner Identifizierung angewendet werden muss. Fest steht, dass es sich um scheinbar willkürliche Heraushebungen und Zusammenschlüsse handelt, die einem Betrachter angemutet werden.

Es handelt sich bei den so genannten „Sternbildern" um Projektionen, nicht also um a priori da seiende, so und nicht anders zu sehende Sterngruppierungen. Diese existieren nur, wenn wir unsere Vorstellungsfigurationen dem großen, unendlichen Lichtpunktfeld wie bei einem Lochkartensystem in der gewünschten Form aufdrücken.

Bisher ging man davon aus, dass hier ein willkürlich beliebiges Spiel mit Möglichkeiten vorliege, das über die Jahrtausende einen unterhaltsamen Sternbildkatalog herausgebildet habe, der sich durch Wiederholung und Überlieferung verfestigt hätte, ohne dass ein anderer als ein mythologisch zu deutender Hinweis- oder Erinnerungskanon hervorgebracht werden konnte.

Vieles, wenn nicht alles spricht jedoch gegen eine solche Annahme, wenn man die von unserem Kulturkreis hervorgebrachten Sterngruppen bzw. Lichtpunktfigurationen genauer betrachtet. Sie sind so irreversibel, so wenig zwingend in ihrem Zusammenhang, dass ihre Heraushebung aus dem unendlichen Lichtpunktemeer Rätsel aufgibt. Gerade dieser Umstand macht dem Laien das einfache Auffinden der bekannten Sternbilder bisweilen besonders schwer.

Dabei ist die unglaubliche Konstanz gerade dieser gleich bleibenden uralten so genannten „Sternzeichen“ in der Tradition der Sternbildbetrachtung ein Umstand, der einer Erklärung bedarf. Wahrnehmungsphysiologisch und -psychologisch ist das nicht ohne weiteres beantwortbar.

Wir unterscheiden heute zwischen reversiblen und nicht reversiblen Superzeichenbildungen[3]. Erstere sind aufgrund ihrer sich aufdrängenden Geschlossenheit und Rückführbarkeit gegeben und erfassbar. Letztere sind lediglich als durch Wiederholung einprägbare, konstellative Gebilde zu charakterisieren. Die Verrenkungen, die unserem stets auf Prägnanz gerichteten Orientierungsbemühen beim Übergang von einem der Lichtpunkte zum anderen mitunter zugemutet werden, um das klassische Sternbild selektierend in der Vorstellung aufzubauen, sind jedenfalls vom natürlichen „Wahrnehmungsbedürfnis" her nicht erklärbar.

Auch ein ästhetisches Wahrnehmungsverhalten lässt sich damit nicht in Einklang bringen. Die Fechnersche Reizschwelle für ästhetisches Bezugsempfinden[4], die über bestimmte Proportionierungsverhältnisse erreichbare Vorstellung von „Bezug", widerspricht dem ebenso wie die Platonische These[5] einem Inbeziehungsetzen heterogener Bestände durch Proportionierung.

Auch wenn man frühe, schon steinzeitlich bekannte Zeichen z. B. das für Wasser etwa in Form einer gleichmäßigen Zickzacklinie heranzieht, ist man erstaunt, dieses beim Sternzeichen „Große Wasserschlange" nicht vorzufinden. Dabei wäre das Hineinsehen eines solchen Zeichens in das Lichtpunktfeld einfach zu vollziehen gewesen.

Bei der Großen Wasserschlange liegt jedoch ein gänzlich irreversibler Verlauf vor, der eher an den konkreten Flußlauf eines tatsächlichen Gewässers denken lässt als an das Symbol für Wasser oder Schlange.

Ähnlich verhält es sich bei dem einzigen Flussverlauf als Himmelszeichen, dem Eridanus. Hier wäre, wenn es sich um ein Zeichen für Fluss schlechthin handeln sollte, ein Schlangen- oder Mäanderbandverlauf zu erwarten gewesen. Auch bei dieser Sternbildfigur bietet sich ein irreversibles, weil mit einem Symbol nicht zu vereinbarendes, Verlaufsbild dar.

Geht man davon aus, dass es sich um einen gemeinten, tatsächlich vorhandenen Zusammenhang, etwa einen Meerengen-, Küsten- oder Flußverlauf handeln könnte und sucht man sodann nach evtl. Vergleichsbeständen, so wird man über das Ergebnis überrascht sein, denn hier zeigt sich der Schlüssel für ein bislang nicht erklärbares Phänomen.

2. Vorschau auf die Ergebnisse der vorliegenden Arbeit

So unglaublich es auch klingen mag:

Durch die vorliegende Arbeit konnte entschlüsselt werden, dass praktisch alle ältesten Sternbilder nach geomorphologischen (möglicherweise nautisch genutzten) Gesichtspunkten erstellt worden sind. Baltikum, Atlantik und Mittelmeer wurden dabei lückenlos dargestellt.

Die frühesten Sternbilder stellen Seewege, Küsten- und Strömungsverläufe auf der Erde dar! Sie grenzen dabei exakt einen Raum ein, welcher mit hoher Präzision den gesamten europäischen Atlantikraum zeigt. Die Küsten und Seewege zwischen Nordkap, Island und Nordafrika sind in ihrer Gesamtheit lückenlos am Himmel dargestellt. Die Entstehungszeit des Sternbildsystems kann nach Berücksichtigung der nacheiszeitlichen meeresgeographischen Verhältnisse bislang in die Zeit um 7500–3000 v. Chr. datiert werden. Der detaillierteste Teil ist die Darstellung des atlantischen Europas einschließlich der Ostsee und Grönland.

Konkret entdecken wir am Firmament eine Art an den Himmel projizierte Landkarte bzw. Küstenverlaufsstraße. Dargestellt wurden die atlantischen Küstenverläufe von der Bucht von Gibraltar bis nach Nordskandinavien, also der gesamte, außerhalb des Mittelmeeres gelegene europäische Küstensaum (extramediterran). Die dargestellte Fläche verhält sich zu derjenigen des Ausbreitungsgebietes der Megalithkultur[6] (einbezogen auch Mittelamerika) deckungsgleich.

Es ist bekannt, dass die Sumerer einen großen Teil des Himmels als das „Meer" bezeichneten[7]. Zu diesem Sternenmeer gehörten auch Sternbilder des von uns gefundenen Systems, z.B. der bei den Sumerern schon existierende Eridanus und die Wasserschlange[8]. Sesti schreibt unter Bezugnahme auf die sumerischen Astronomen: „Die alten sumerischen Himmelsforscher bezeichneten einen großen Teil des Sternenhimmels als ‚das Meer'. Die Wellen dieses Meeres umspülten den Strand, den Sirius, der Hundsstern bewohnte. In diesen Sternenozean mündet ein großer Sternenfluss, der am Fuße der Figur des Orion entspringt. Er heißt Eridanus..."[9]. Es existiert die Vermutung, Cheiron (Mitglied der Besatzung des Schiffes Argo) habe (nach der Sintflut) die Sternbilder zur besseren Orientierung für seine Flotte im Himmel installiert (s.u. Newton, Isaac). Wichtig ist, dass sich eine Entsprechung der Argo in der Arche Noah und der

Darstellung des Himmelsstützers, bei der er einen Globus trägt, welcher den nördlichen Sternenhimmel zeigt.

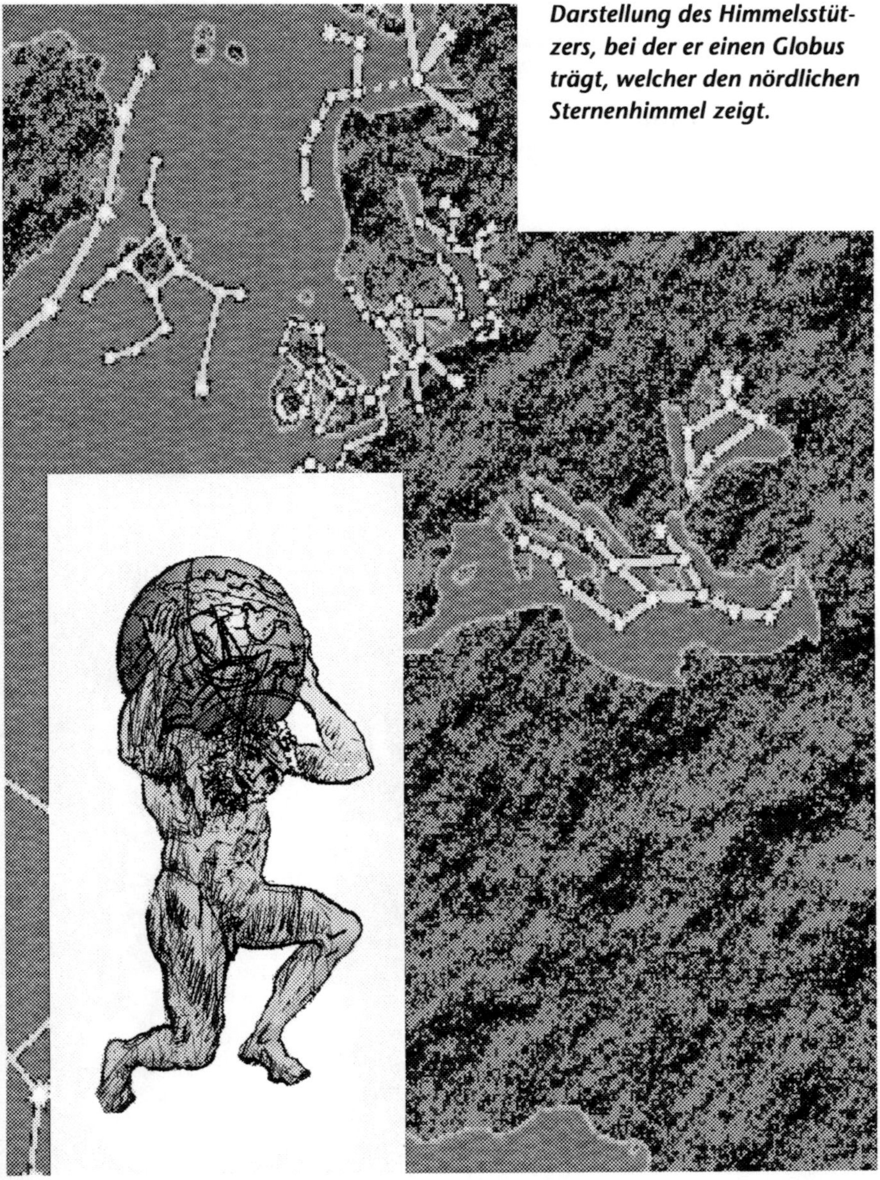

Europa wurde besonders gut am Sternenhimmel kartographiert.

älteren sumerischen „Arche des Utnapischtim“ findet; auch in Ägypten sind derartige Vorstellungen bekannt.[10] Isaac Newton schreibt in seiner Chronologia unter Berufung auf den Autor der Gigantomachia, dass der Kentaur Cheiron zur Zeit des Argonautenzuges die Sternbilder gezeichnet haben soll. Unter seiner Anleitung entwarf der Argonaut Musaios, der Lehrer des Orpheus, eine Himmelskugel mit den 48 Konstellationen, die schon so ausgesehen haben sollen, wie sie uns viel später von Eudoxos überliefert wurden. Newton ging in seiner Auslegung noch weiter. Er schrieb, dass Cheiron und Musaios diese Kugel für die Argonauten als Orientierungshilfe bei der Überfahrt angefertigt hätten.[11]

Es gibt überall, wie hier in Stonehenge, bei den Megalithikern astronomische Anlagen, Observatorien etc., vor allen Dingen in England, Schottland, Frankreich, Spanien.

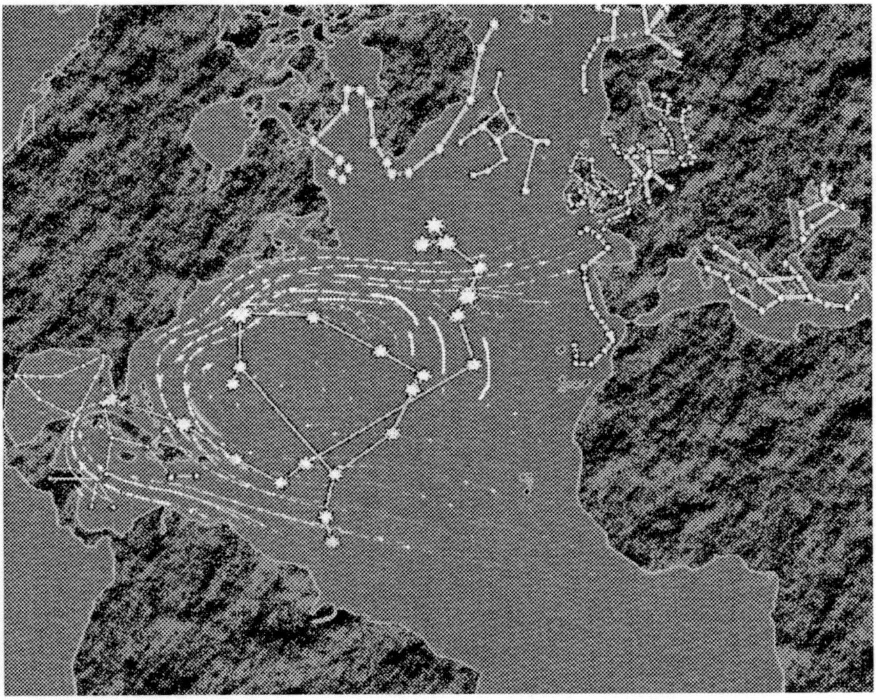

Die Strömungsverhältnisse des Nordatlantiks zwischen Nordafrika und der Karibik als Verbindung zwischen den Kontinenten sind durch das Sternbild Schlangenträger dargestellt.

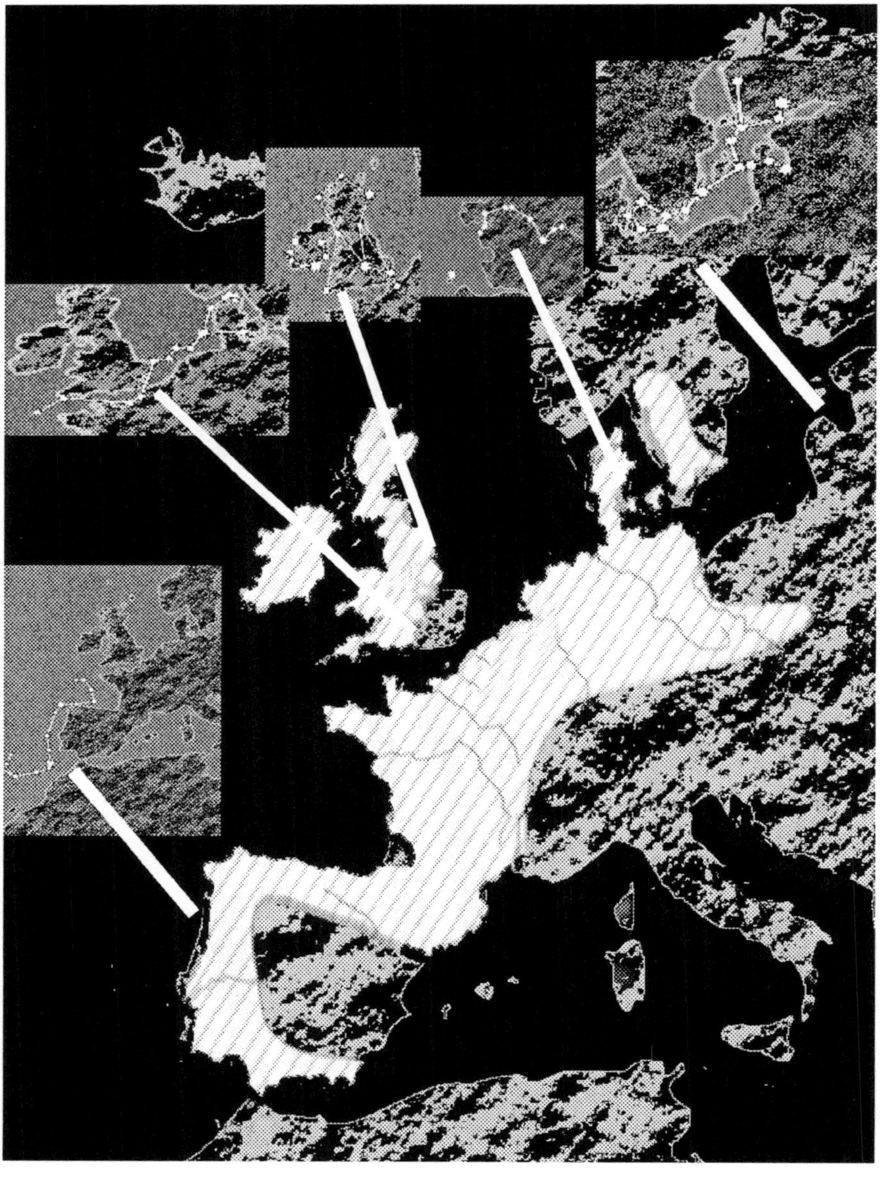

Die neu ausgegrabene mächtige Stufenpyramide von Barnenez in der Bretagne, 4600 v. Chr.

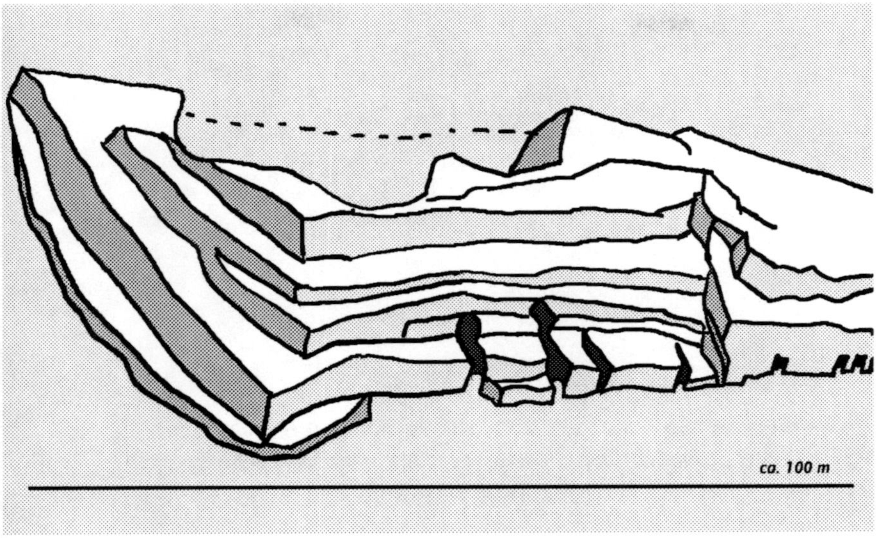

Nicht nur architektonisch, sondern auch schiffsbautechnisch und kulturgeographisch sind verblüffende Übereinstimmungen zwischen den Kulturleistungen der west- und ostatlantischen und der mittelmeerischen Kulturen festzustellen (Zeichnung nach Luftbild von schräg oben). Hier der Cairn de Barnenez, eine Stufenpyramide von 4600 v. Chr. im Zentrum der Megalithkultur. Weitere Bauwerke dieser Art (sogar noch größere) finden sich in Guimar, Teneriffa. Thor Heyerdahl hat dazu einige wesentliche Beiträge verfasst.

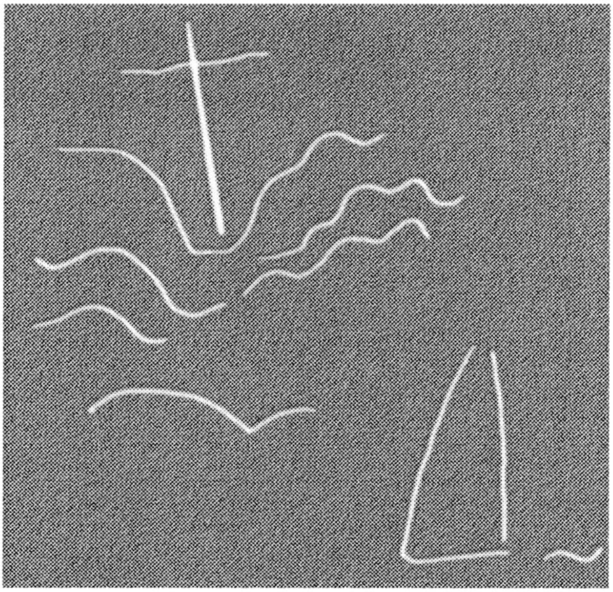

Graviertes Motiv auf der Apsisplatte der Kammer H in Barnenez (nicht zugänglich): möglicherweise frühe Schiffsdarstellungen.

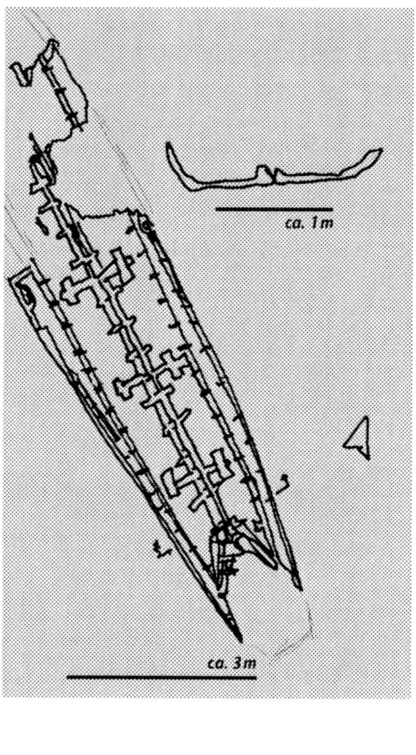

Das kürzlich entdeckte Dover Bronceage Boat ist der erste Fund eines hochseefähigen Holzschiffes. Zu bewundern ist seine äußerst filigrane Konstruktion im Dover Bronceage Boat Museum, England. Zeichnung nach Dover Bronceage Trust Broschüre.

3. Zu Beweisführung und Methode

Neben die Methode der Quellenanalyse und Textauswertung stellt der Verfasser die des morphologischen Formvergleichs. Dies wird verbunden mit der Frage nach Formbildung überhaupt, ihrer Entstehungsbedingung allgemein und menschlicher Formsetzung und deren Auffassung im Besonderen. Dabei ist der Untersuchungsgegenstand – der sternenübersäte Nachthimmel – zunächst ein unbestimmtes Abstraktum. Er zeigt für unsere Betrachtung von sich aus keine Fremdbedeutsamkeit und ist für beliebige Verknüpfungs- und Vernetzungsmuster der menschlichen Phantasie einerseits völlig offen, andererseits sperrig und widerspenstig. Lichtintensitätsschwankungen, Dichte des Beieinander und Distanzunterschiede erweisen sich für das Sehen als hinderlich.

Das methodische Fundament der Arbeit bilden die folgend aufgelisteten Gesichtspunkte: Das Alter der Sternbilder stimmt, soweit die Forschung es zum derzeitigen Zeitpunkt sagen kann, innerhalb des Systems überein (alle sind gleich alt).

Die Formen der Bilder sind uns durch die Griechen von den Babyloniern und Sumerern überliefert worden und tauchen ebenfalls schon in Ägypten auf.

Die Gestalt der Landmassen hat sich in ihrer Form seit 5000 v. Chr. nicht signifikant verändert (flandrische Transgressionen wurden beachtet). Eiszeitliche Veränderungen spielen nur bis ca. 8000 v. Chr. eine große Rolle.

Die kartographische Gestalt der Sternbilderkarte wurde vom Verfasser mit der Geomorphologie der Erde verglichen. Dabei ergab sich, dass die von Newton vermutete Orientierungsfunktion der Sternbilder nur in der von uns hier gezeigten Weise als Himmelkartographie genutzt werden konnte. Weder im Mittelmeer, noch im Roten oder Schwarzen Meer, noch im Indischen Ozean oder im Pazifik, noch irgendwo auf dem Festland sind Übereinstimmungen mit dieser Himmelskartographie zu finden, welche auch nur im Geringsten den Übereinstimmungscharakter des **„Steinzeitinternets“** aufweisen.

Die Formen der am Himmel installierten Bilder gleichen jenen der Geomorphologie so genau, wie man es am Himmel nur darstellen kann (exakter geht es aus Mangel an Sternen wohl kaum).

Die Reihenfolge der Sternbilder gleicht sensatio-

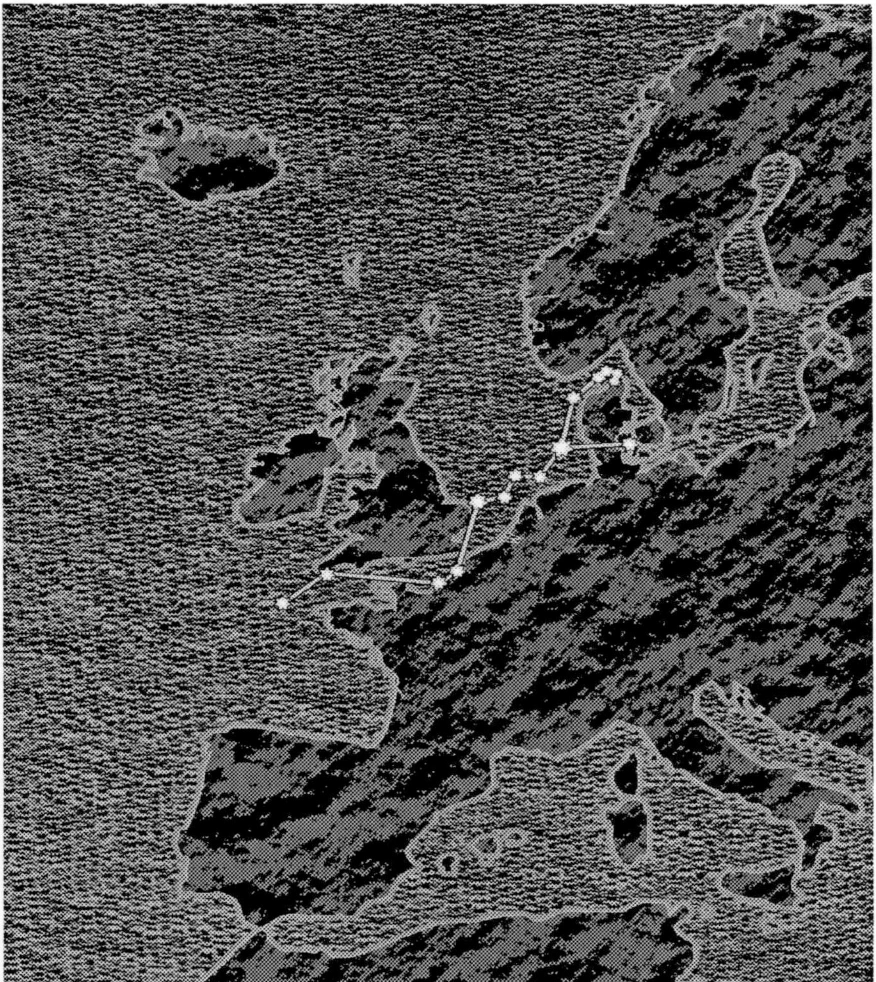

Die Wasserschlange stellt den Seeweg von Brest in die Nordsee dar (Ärmelkanal). Sternbild Hydra nach einer babylonischen Darstellung als Tier.

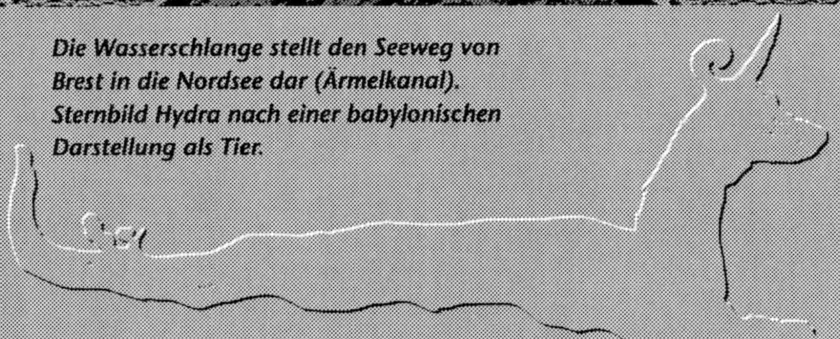

nell der Reihenfolge, in der die Küstenregionen auftauchen. Hier gibt es nur zwei Ausnahmen, die aber beide hinreichend begründbar sind. Vielleicht kann eine Einzelsternbildform wie die des Eridanus noch mit *gutem Willen* in einen Fluss, sagen wir in Australien hineingedeutet werden, in Hinsicht auf die gesamte Kombinatorik ergibt er dort aber überhaupt keinen Sinn mehr.

Die Form der Bilder ist die eine Sache, die andere, ob sie beliebig verdrehbar auf die Küstenregionen der Erde aufmontiert werden dürfen. Hierzu lässt sich eindeutig sagen, dass die Bilder alle genauso (genordet) sind wie die Regionen. Alle Bilder verhalten sich zum Himmelspol in ihrer Lage wie die Regionen zum geographischen Nordpol.

Um ein Beispiel zu geben: Das Sternbild Hydra fließt in horizontaler Richtung und zwar in der gleichen Ausrichtung wie der Ärmelkanal. Ähnlich verhält es sich mit den anderen Sternbildern.

Die mythologischen Quellen zu den Bildern wurden überprüft. Es wurde festgestellt, dass in alten sumerischen, babylonischen, phönizischen, griechischen und römischen Texten deutliche Hinweise gefunden wurden, die auf eine Verwandtschaft von Sternbildern und Geographie verweisen.

Die Möglichkeit der steinzeitlichen Seefahrt, die die Bedingung für die Nutzung der Karte am Himmel darstellt, wurde mit positivem Ergebnis untersucht.

Die Untersuchung hat ferner ergeben, dass als Kulturträger die Megalithkulturen des nordatlantischen Küstensaumes und des Mittelmeeres sowie der Karibik in Frage kommen. Hierfür sprechen das Alter der Bilder (bis hinter die Anfänge Sumers) und die Fähigkeiten der Megalithiker zur See und in der Astronomie sowie das Auftauchen von Megalithbauten im gesamten kartographierten Bereich.

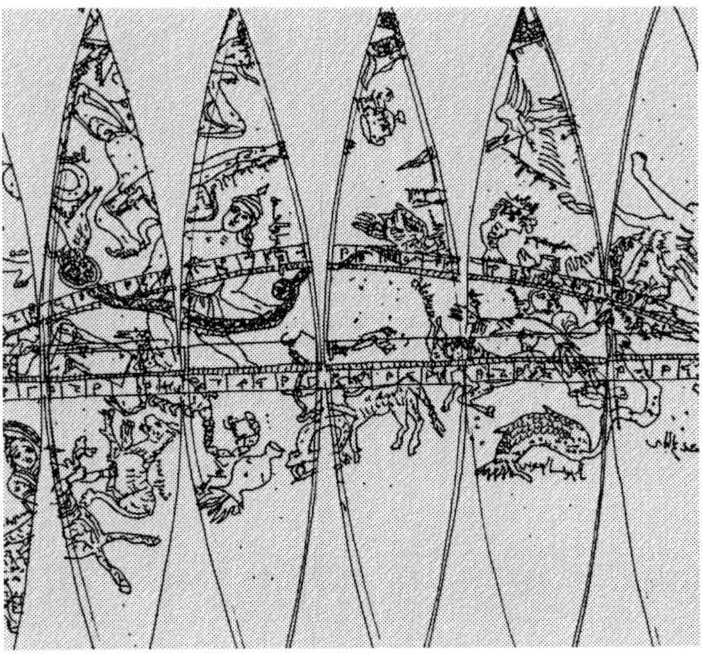

Auf dieser Abbildung nach einer arabischen Sternkarte des 13. Jahrhunderts können wir deutlich uns bekannte Sternbilder in der typischen Darstellung als Schlange, Drache und Fische sehen. Besonders gut ist hier der Schlangenträger zu erkennen.

4. Die Sternbilder im Einzelnen

Eridanus

Das Sternbild Eridanus zeigt in seinem Verlauf frappierende Ähnlichkeit mit demjenigen des Flusses Eider, der früher als Schlüssel zur Ostsee fungierte und verkehrswirtschaftlich eine wichtige Rolle spielte, da hier mit Bernstein und Erzen gehandelt wurde. Durch Eider und Schlei wurden über eine Schleppstrecke noch in der Wikingerzeit[12)] die Ostsee und der Atlantik miteinander verbunden. Erst der Bau des Nord-Ostseekanals löste sie in dieser Funktion ab.

In der Antike finden wir die Bezeichnung Eridanus für einen Fluss, welcher in späteren Zeiten an verschiedenen Orten Europas und Vorderasiens gesucht wurde.

Die Äußerungen der antiken Geographen legen nahe, dass Eridanus und Eider miteinander identisch sein könnten. Herodot schreibt über die geographische Verortung des Eridanus – die er so weit im Norden selbst nicht fassen konnte:

„Über die äußersten Länder in Europa, also nach Westen hin, kann ich nichts Bestimmtes mitteilen. Ich glaube nicht an den Eridanos, wie die Barbaren einen Fluss bezeichnen sollen, der ins Nordmeer, (wahrscheinlich nicht das Nordmeer von heute, sondern die Nordsee; Anm. d. Verf.) aus dem der Bernstein kommen soll, fließe. Ich weiß auch von den Zinninseln nichts, von denen das Zinn zu uns kommt (Zinnlagerstätten auf den britischen Inseln)." [13)] Von den Kassiteriden wissen wir heute, dass es sich um Brittannien handelt. So liegt der Schluss nahe, dass auch die Lokalisierung des Flusses Eridanus so weit im Norden nicht so unwahrscheinlich ist, wie Herodot glaubte.

Pausanias (2. Jhd. n. Chr.) schreibt :

„Der Eridanos fließt in das große Meer im fernsten Norden Europas. Dieses Meer hat Ebbe und Flut und ist in seinen von Britannien entferntesten Teilen nicht schiffbar. Der Bernstein wird im Sand des Eridanos gefunden." [14)]

Die Tatsache, dass fast alle antiken Bernsteinstraßen über das Festland in Dithmarschen, also in der Nähe der Eider, ihren Anfang finden, wundert nun nicht, sondern bestätigt zusätzlich unsere Funde[15)]. In diesem Zusammenhang ist auch eine Stelle bei Plinius interessant[16)]: „Timaeus berichtet von einer (Insel) mit Namen Bauroria[17)], die vor Skythien liegt und einen Tag von der Küste entfernt ist, dass im Frühling von den Wogen Bern-

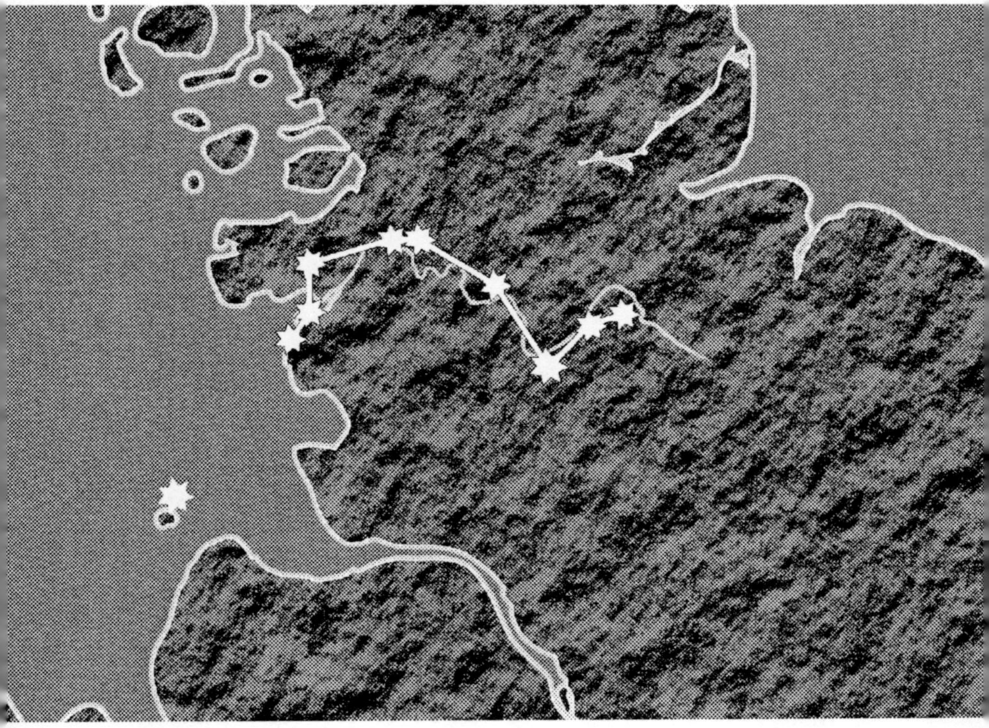

ERIDANUS

Die Sumerer bezeichneten einen großen Teil des Himmels als das Meer. "Die Wellen dieses Meeres umspülten den Strand, den Sirius bewohnte". Der Name geht auf das sumerische Aria zurück, was soviel wie starker Fluss bedeutet. Früher war der Fluss als Sternbild nur halb so lang, wodurch sich eine ost-westliche Fließrichtung ergibt. In dieser Gestalt ist er in Dänemark auch gut am Himmel zu sehen. Er wurde mit unterschiedlichen Flüssen in Zusammenhang gebracht, von denen lediglich die Eider in ihrem Verlauf mit dem Sternbild übereinstimmt. Sie ist ein wichtiger Fluss, da sie zwei Nebenmeere miteinander verbindet. In der griechischen Mythologie fließt der große Himmelsfluss dort ins Meer, wo die Argonauten sich des Goldenen Fließes bemächtigten und wird dadurch wiederum mit dem Meer (Okeanos) in Verbindung gebracht. An dieser Stelle ist übrigens das Sternbild Argo installiert worden. Auch bei den Germanen wird in diesem Zusammen-

stein an die Küste gespült werde."

Durch die Übereinstimmung der geographischen Lage des Flusses Eider mit derjenigen, die die antiken Autoren dem Fluß Eridanus geben, und durch die von uns entdeckte kartographische Darstellung ist die Identifikation vollkommen abgesichert. Es stimmen kartographisch nicht nur die Winkelstruktur des Verlaufs, nicht nur die Streckenabstände zwischen den Angelpunkten, nicht nur die Nordausrichtung des Sternbildes mit der des Flusses überein, sondern auch die Kombination mit sämtlichen Sternbildern, die im Umfeld zu den Wassersternbildern gehören!

Der Teil der Konfiguration des Eridanus, welcher sich nicht mit dem Verlauf der Eider in Verbindung bringen lassen würde (hier nicht dargestellt) ist bezeichnenderweise erst im Mittelalter durch arabische Astronomen hinzugefügt worden, die die ursprüngliche Bedeutung des Sternbildes allem Anschein nach nicht mehr kannten.[18] Es lässt sich also sagen, dass nur der ursprüngliche (mind. 5000 Jahre alte) Teil des Bildes zeitlich mit in unser System einbezogen werden darf.

hang von einem Meer gesprochen: „Das Meer Vourukasa, neben dem der Sirius steht, gehört dementsprechend zur Milchstraße. Bartholomea wollte es auf der Erde wissen. Aber Hertel hat seine Existenz in den Wassern des Himmelsozeans mit den von mir aufgeführten Begründungen den Zusammenhang mit seiner Einordnung um die Milchstraße verdeutlicht. Des Himmels Ströme werden einzeln in der Edda angeführt, solche die den Menschen näher sind, also südlich verlaufen und andere, die in die Tiefe, in die Unterwelt des Himmels stürzen ... Bei den Iranern heißt der Stern „Tistrya". Er springt zu gegebener Zeit ins Meer Vourukasa, so dass seine Wasser überlaufen und sich in alle Weltgegenden verteilen." (Herbert Glöckner, Auf den Spuren des Baldr, S. 36). Zwei weitere Beispiele, die die Beziehung zwischen einem Stern und geographischen Beständen herstellen: Die in dem Bereich von Eridanus ansässigen Germanen/Wikinger in Haitabu werden von einem Augenzeugen geschildert.: „Haitabu ist eine sehr große Stadt am äußersten Ende des Weltmeeres" notierte der Araber At-Tartuschi um 965. „... ihre Bewohner sind Sirius-Anbeter" (GEO Nr. 10/1997)

Die Argo Navis.

Auf dieser antiken Weltkarte erkennen wir, dass noch die alten Griechen den Fluss Eridanus weit in den Norden Europas verlagert haben.

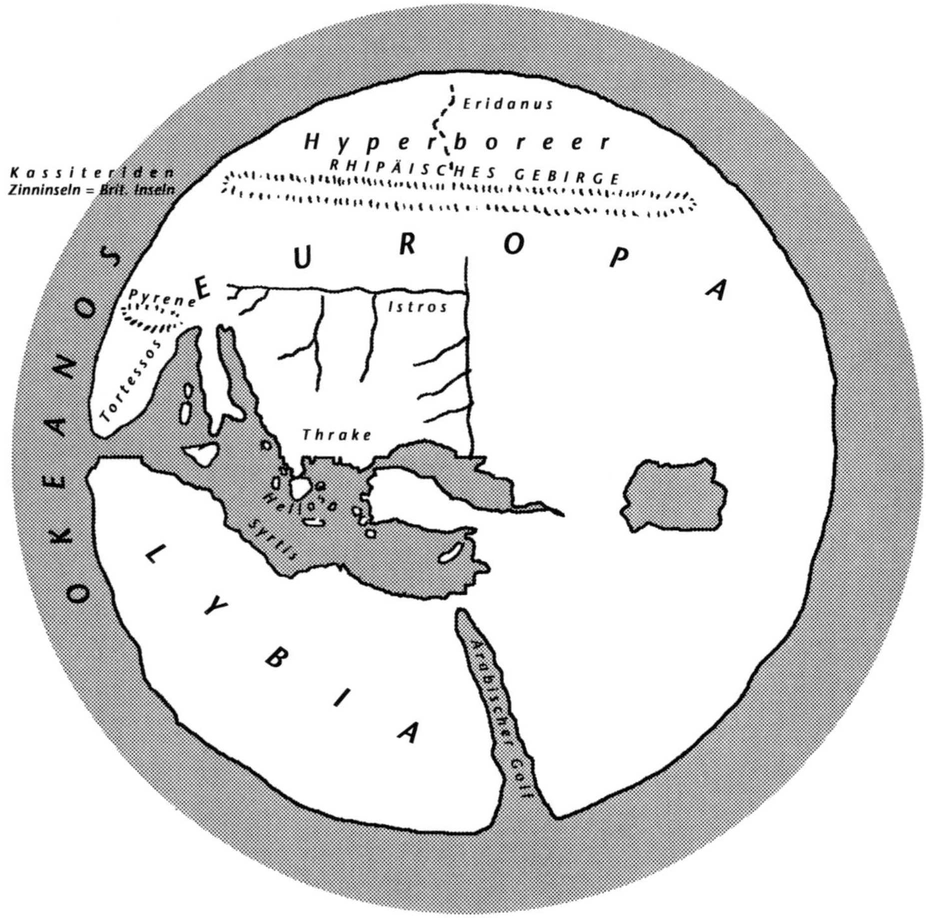

Skizze nach der Weltkarte des Hekataios von Milet. Um 500 v. Chr.

Deutlich ist zu erkennen, dass der Eridanus nicht der Po ist, sondern im Norden in den Okeanos fließt und weit hinter den Kassiteriden liegt.

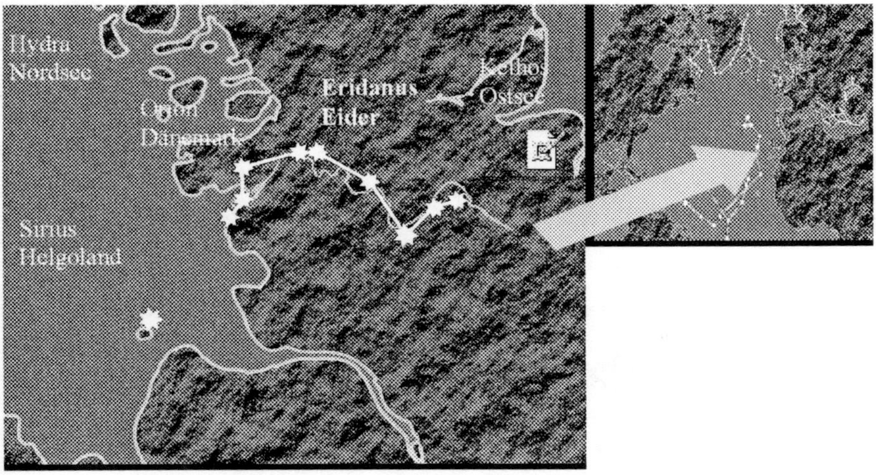

Astronomisch: Eridanus liegt zwischen Walfisch, Orion und Wasserschlange. Er ist der einzige Fluss am Himmel. An seiner Mündung liegt der „Königsstern" Sirius. Eridanus fließt in ostwestlicher Richtung. Geographisch: Die Eider fließt im Norden in den Okeanos und liegt zwischen Ostsee und Nordsee auf Jütland. Vor ihrer Mündung liegt Helgoland.

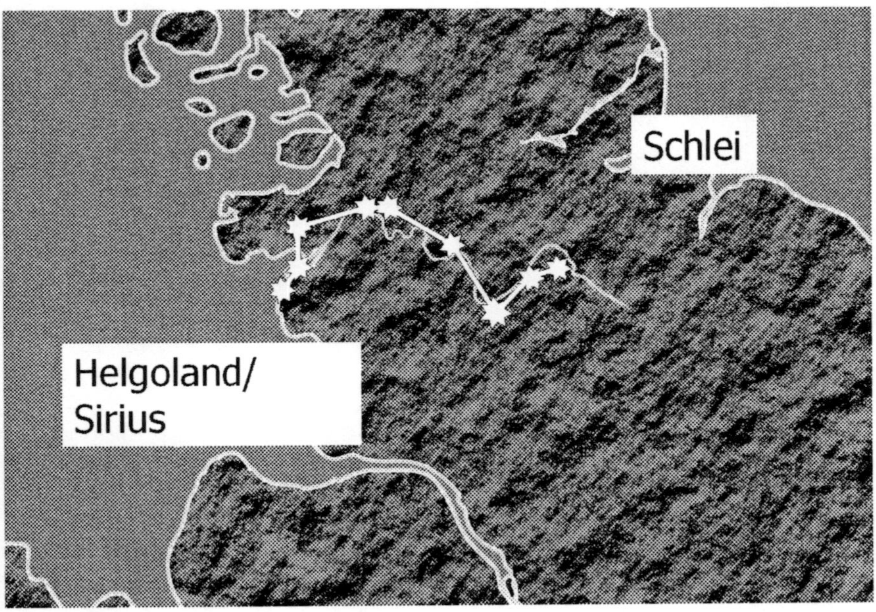

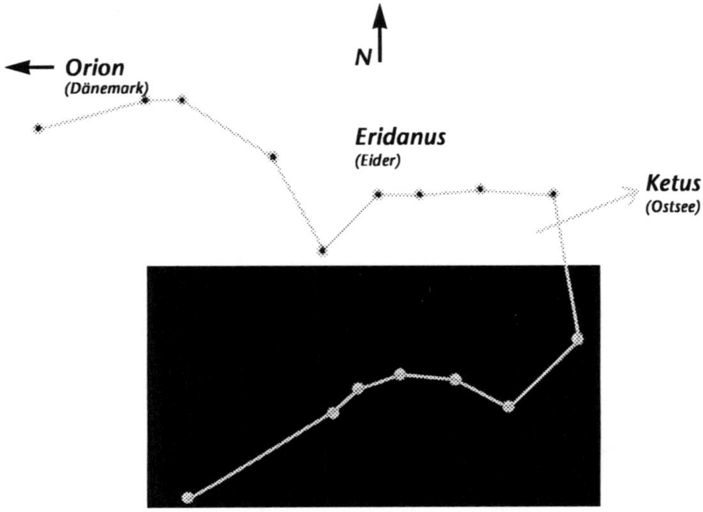

Der hintere Teil des Sternbildes Eridanus wurde erst spät von einem arabischen Astronomen hinzugefügt, als der südliche Sternenhimmel schrittweise ebenfalls mit Bildern ausgestattet wurde. Daher passt nur der ursprüngliche babylonische Teil auf den Fluss.

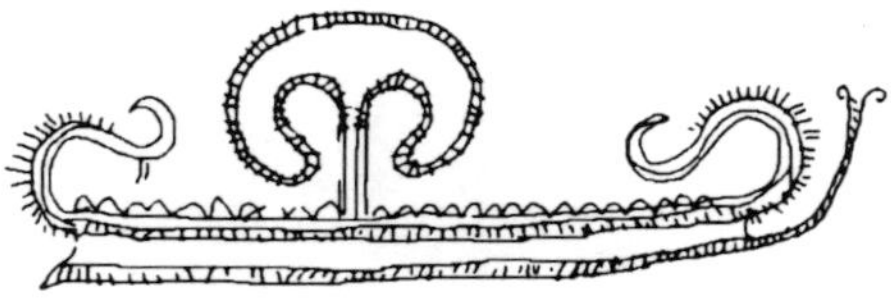

Nur in den Felsritzzeichnungen von Bohuslän in Südschweden finden sich Schiffsdarstellungen von konsturierten Holzbooten mit Kufen (Schlitten?), die sich für Schleppstrecken eigneten. Teilweise sind sie in der Mitte mit einem „Weltenbaum" wie bei den Wikingerschiffen versehen, die später in dieser Region gebaut wurden.

Walfisch (Kethos/Seeungeheuer)

Im astronomischen Umfeld des Eridanus befindet sich auf der Ostseite das Sternbild Walfisch, welches ursprünglich Seeungeheuer (Kethos) hieß [19]. Der Name lässt die Vermutung zu, dass wir es, genau wie bei „Fluss Eridanus“ oder Wasserschlange auch hier mit einem Gewässersymbol zu tun haben. Im direkten Vergleich zeigt sich – wie bei Eridanus – eine frappierende Deckungsgleichheit zwischen Sternbildgestalt und Geomorphologie. Kethos, das Seeungeheuer am Himmel, gleicht in seiner Form dem Seeraum der Ostsee.

Diesmal aber kommt noch ein entscheidender Sachverhalt zu dem der Übereinstimmung hinzu. Die beiden Sternbilder Eridanus und Kethos/Seeungeheuer passen zwar zu den beiden einzelnen Regionen haargenau, aber noch viel besser passt die Lage der Sternbilder in ihrer Kombination zu der Lage der beiden Regionen auf der Erde untereinander.

So ergibt sich als ein weiteres Beweiskriterium und als Prüfstein für die Stimmigkeit unseres kartographischen Systems die Passgenauigkeit der

Kombinatorik der Sternbilder zu derjenigen der Landmassen untereinander. Am Sternenhimmel sind Eridanus und Kethos/Seeungeheuer direkt nebeneinander gesetzt worden. Kethos/Seeungeheuer liegt genau im Osten des Eridanus. Genauso verhält es sich auf der Erde mit Ostsee und Eider. Die Eider (Eridanus) und die Ostsee liegen direkt nebeneinander: die Ostsee genau im Osten der Eider.

Geschichte und Mythologie

„In jener Region des Himmels, die auch „das Meer“ genannt wird, schwimmt der riesige Walfisch, bestehend aus einer Vielzahl von Sternen. ... Merkwürdig sind seine Vorderbeine, die in den Fluss Eridanus eintauchen... Das Sternbild Cethus (Kethos, Anm. d. Verf.) war auch den Sumerern bekannt, die es wohl mit Tiamat identifizierten, mit jenem Ungeheuer also, auf das auch die Konstellationen Drache, Hydra und die Schlange des Ophiuchus zurückgehen.“ [20)]

Tiamat ist wie Hydra eine gefräßige, landverschlingende Schlange.

Im der hebräischen Mythologie wurde aus dem Sternbild Kethos der sagenhafte Leviathan.

Darin wird er als Herrscher über die anderen Meeresbewohner geschildert. „In einer anderen Legende heißt es, Gott habe Leviathans Leben geschont, da er eines seiner Geschöpfe war. (...) Das Meerungeheuer trank aus einem Nebenfluss des Jordan, an der Stelle, da dieser über einen

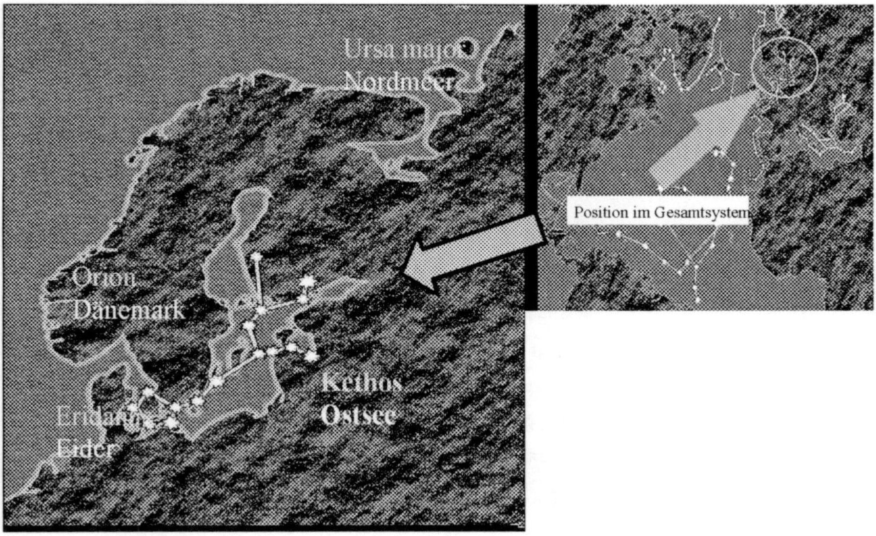

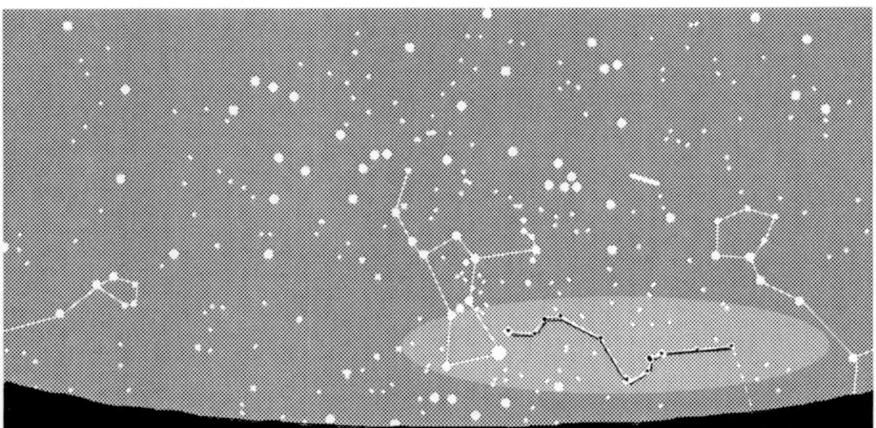

In einer Computersimulation ist hier der Eridanus am Sternenhimmel über der Ostsee 1600 v. Chr. zu sehen.

geheimen Kanal in den Ozean mündet. Wenn es Hunger hatte, atmete es einen dichten Nebeldunst aus den Nüstern, der die Wasserfläche verdunkelte.[21] Kethos ist kein Fluss (wie Eridanus Anm. d. Verf.), mündet aber nach der Legende durch einen geheimen Zugang in den Ozean (was damals Atlantischer Ozean bedeutete; Anm. d. Verf.)". Auch die Ostsee mündet über einen „geheimen" Kanal von der Eider aus in die Nordsee, die Teil des Ozeans ist. Noch bis ins Mittelalter hinein wurden Schiffe auf dem für sie ungewöhnlichen Landweg von der Eider zur Schleimündung transportiert[22]. Auch der Hinweis auf den Nebeldunst des Leviathan mag als ein für die Ostsee typisches Charakteristikum angesehen werden.[23]

Andere Namen für das Sternbild sind Drache, Seetier, großer Fisch, Pristix, Canis Tritonis oder Ursus marinus[24], welche ebenfalls den Wassercharakter unterstreichen.

Orion

Orion stellt in unserem System, auf die Erde übertragen, Jütland (Dänemark und Schleswig-Holstein) dar, das Land zwischen Nord- und Ostsee. Da wir es mit einer weit ausragenden Halbinsel zu tun haben, ergibt sich aus der Küstenverlaufsdarstellung im Westen, Norden und Osten sogar die gesamte Landform der bezeichneten Region. In diesem Zusammenhang ist interessant, dass auch bei dem Sternbild Orion und Sirius (am Fuße des Orion) die vorgeschichtliche Astronomie in ihren ältesten Quellen einen Hinweis auf die Schifffahrt gibt. Beide, Sirius und Orion, werden in Ägypten auf Schiffen dargestellt.[25)]

Orion weist eine Besonderheit auf. Er befindet sich in direkter Verbindung zu dem Sternbild Eridanus. Gehen wir davon aus, dass jenes Sternbild die Eider bezeichnet, so stoßen wir auf das Problem, dass der Eridanus nicht auf Orion liegt (so, wie die Eider in Jütland liegt). An der Stelle, wo es landkartengemäß auftauchen müsste, also etwa in der Mitte des Sternbildes Orion, befinden sich die drei so genannten Gürtelsterne. Demgemäß zeigen die Gürtelsterne die regionale Lage der Eider, das Sternbild Eridanus hingegen den stark vergrößerten Flussverlauf. Die zweifache Darstellung ein und desselben Bestandes mag auf die große Bedeutung des Flusses sowohl mythisch wie auch verkehrsgeographisch verweisen. (s. Kap. *Eridanus*)

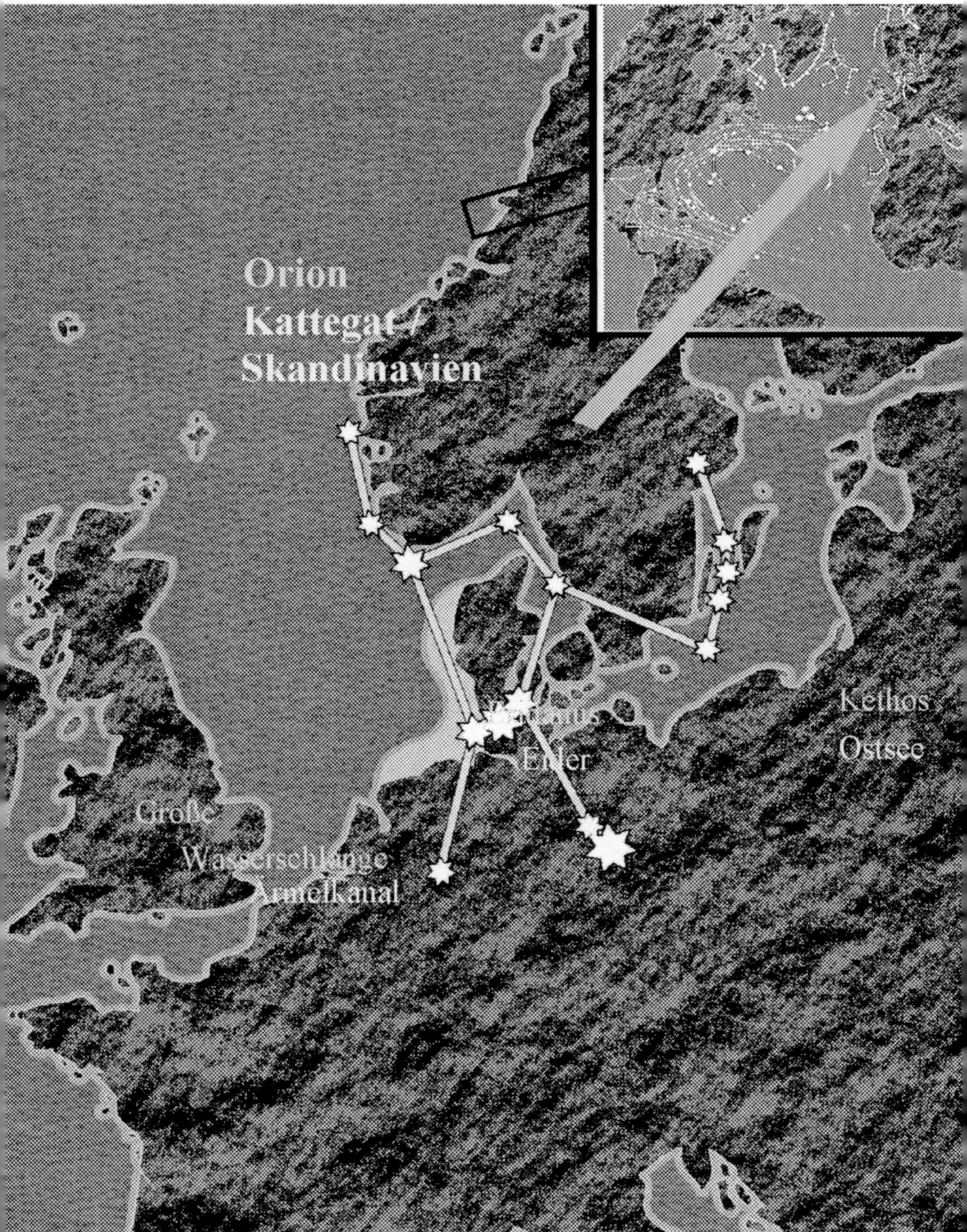

Orion
Kattegat /
Skandinavien
Kethos
Ostsee
Große

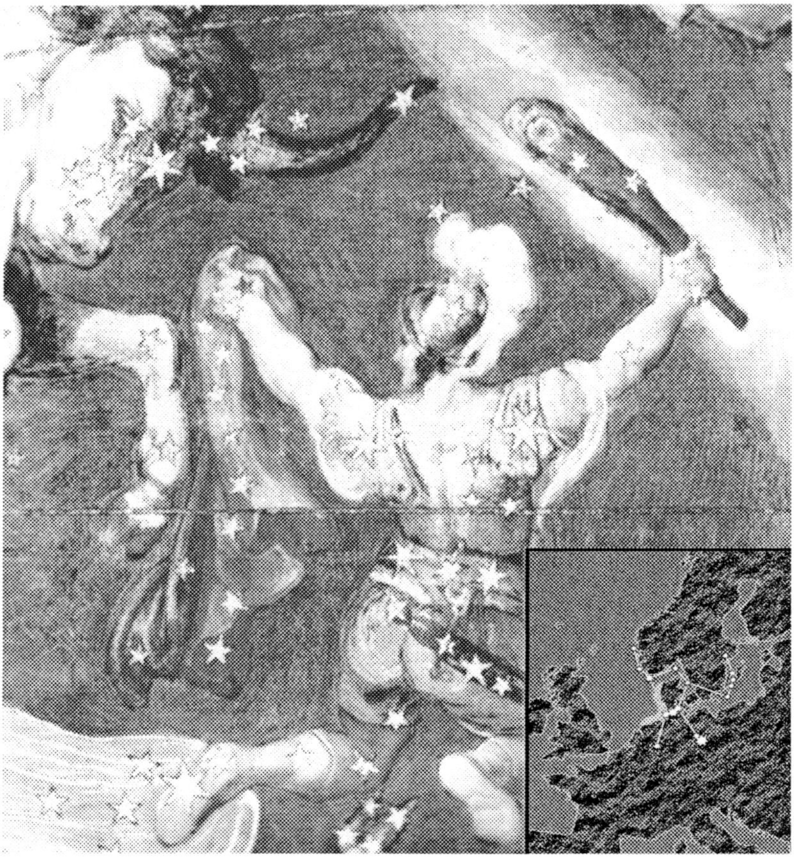

Orion stellt Dänemark, Südschweden und Norddeutschland dar. Im Hintergrund eine der schönen, aber eigentlich irreführenden Darstellungen des Orions als Himmelsjäger (hier eine Darstellung von Albrecht Dürer).

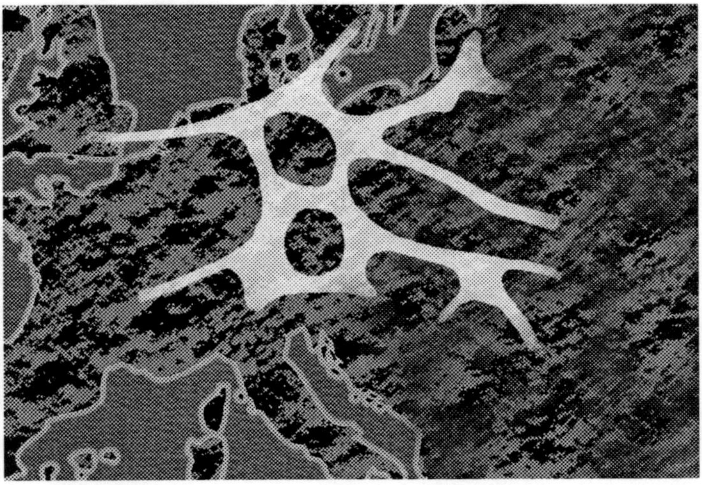

Verbreitungswege des Bernsteins in vorgeschichtlicher Zeit von den Vorkommen in Nordeuropa nach Osten und in das nördliche Mittelmeergebiet. In der Bronzezeit und zu Beginnn der Eisenzeit wird rege mit Bernstein gehandelt.

Durch die Funde längs der Landwege, die in das von Orion gekennzeichnete Gebiet führen, haben wir heute Kenntnis von den wichtigen Wirtschaftsbeziehungen.

LÖWE – JUNGFRAU / LEO – VIRGO

Die Sternbilder Jungfrau und Löwe werden in unserer Liste angeführt, obwohl sie, außer in ihrer Anbindung zum Skorpion (= Gibraltar/Eingang zum Mittelmeer) nicht in unser Gesamtsternbildsystem passen. Insofern bilden beide Sternkonstellationen eine Ausnahme. Sie stellen das Mittelmeer und das Schwarze Meer dar und bilden dadurch eine Gestalteinheit. Diese Gestalteinheit spiegelt sich räumlich – geographisch dadurch wider, dass wir es mit einem in sich fast geschlossenen Seeraum zu tun haben (mit Gibraltar als einziger Öffnung). Aus dieser Tatsache leitet sich die Getrenntheit vom Gesamtsystem hinlänglich ab. Beide Meere werden in den Mythologien auch als Sternbilder den ansässigen Völkerschaften zugeordnet. Sogar der Löwe wird expressis verbis mit einem Gewässer in Verbindung gebracht, wenn es heißt: „Andere behaupten, Selene (der Mond) habe den Löwen auf Wunsch Heras aus Meerschaum erschaffen, der in einer großen Arche eingeschlossen war (Fasching a.a.O.)". Der Löwe ist zudem Symbol für südlichere Gefilde.

Große Bärin (Großer Bär)

Im hohen Norden befindet sich das Sternbild Großer Bär. Es müsste nach unserer Logik eine Küstenregion im hohen Norden der Erde darstellen, denn als ein weiteres Kriterium nahmen wir an, dass das Sternbild durch seine eigene relative Lage zugleich auch diejenige der dargestellten Region auf der Erde angibt. Es könnte sich hinsichtlich dieses Aspektes nur um die Gegend Norwegen-Bäreninsel-Eismeer handeln. Vergleichen wir nun Form, relative Lage und Nordausrichtung, die die Sternbildarchitekten der „Großen Bärin" gegeben haben, mit den regionalen Gegebenheiten, so finden wir eine genaue Entsprechung.

Zu Geschichte und Mythologie

Eine der bekanntesten Geschichten über das Sternbild des Großen Bären handelt von einer Bärin, einem „Tier also, welches die menschliche Phantasie schon seit Urzeiten mit nordischer Kälte in Verbindung brachte"[26]. Aus „Artos", dem griechischen Wort für Bär, entwickelte sich „arktisch". Das

Sternbild geht auf den griechischen Mythos um die Nymphe Kallisto zurück, die in eine Bärin verwandelt wurde.

Der Name Kallisto wiederum scheint sich aus „Kalitsah", der phönizischen Bezeichnung der Konstellation entwickelt zu haben, was soviel bedeutete wie „Sicherheit".[26)]

Ovid erwähnt die Bärin in der Phaethon-Geschichte seiner Methamorphosen. Hier rät der Vater seinem Sohn: „Und wähle nicht den Weg, der geradlinig durch die fünf Zonen führt! Schräg geschnitten verläuft in weitem Bogen die Bahn; sie gibt sich mit dem Bereich dreier Zonen zufrieden und meidet den Südpol und den großen Bären mit seinen Nordwinden."[27)] Fasching schreibt zu dem Sternbild Großer Bär noch: „Interessanterweise haben auch die nordamerikanischen Indianer, noch bevor sie mit der weißen Rasse in Kontakt kamen, dieses Sternbild „Okuari" (= Bär) genannt."[28)] Auf diesen wahrlich interessanten und durch unsere These erklärbaren Umstand werden wir später zurückkommen.

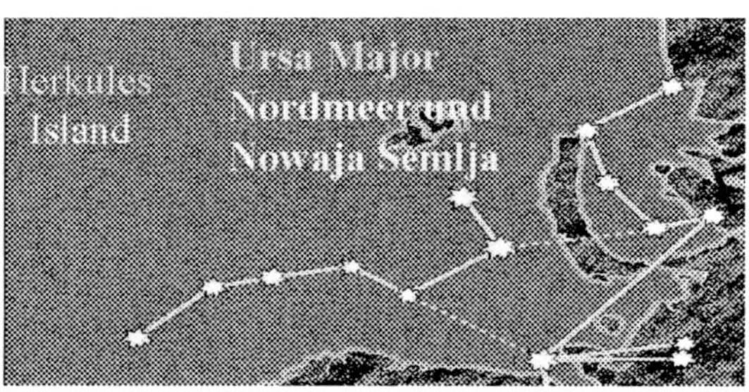

Auch das Sternbild Großer Bär gehört zu unseren untersuchten Konstellationen. Es liegt weit im Norden und stellt Norwegen dar.

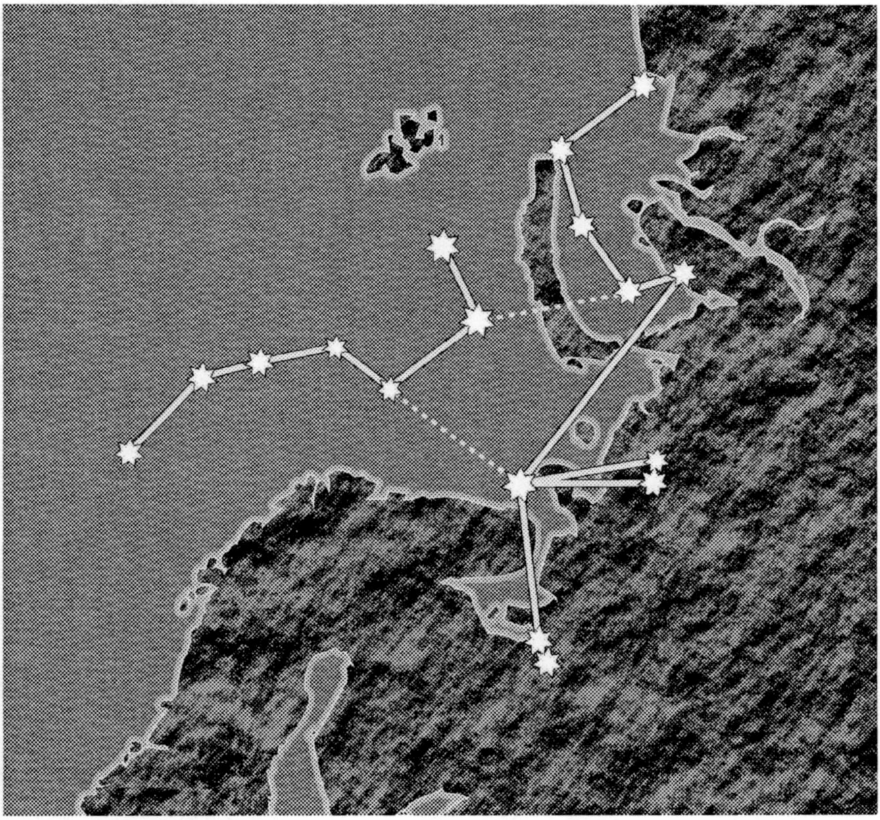

GROSSER BÄR (Wagen) / URSA MAJOR

Die bekannteste Geschichte über das Sternbild des Großen Bären handelt von einer Bärin „einem Tier also, welches die menschliche Phantasie schon seit Urzeiten mit nordischer Kälte in Verbindung brachte". Aus Artos, dem griechischen Wort für Bär, entwickelte sich „arktisch" (Fasching, s. S. 403).

Das Sternbild geht in der griechischen Mythologie auf Kallisto zurück: Der Name Kallisto wiederum scheint sich wie gesagt aus Kalitsah, der phönizischen Bezeichnung der Konstellation entwickelt zu haben, was soviel bedeutete wie Sicherheit. Den phönizischen Seefahrern garantierte die Beobachtung dieser Sterne auf ihren Fahrten präzise Orientierung (Fasching, s. S. 26). Das Sternzeichen wird auch Meeresbär genannt.

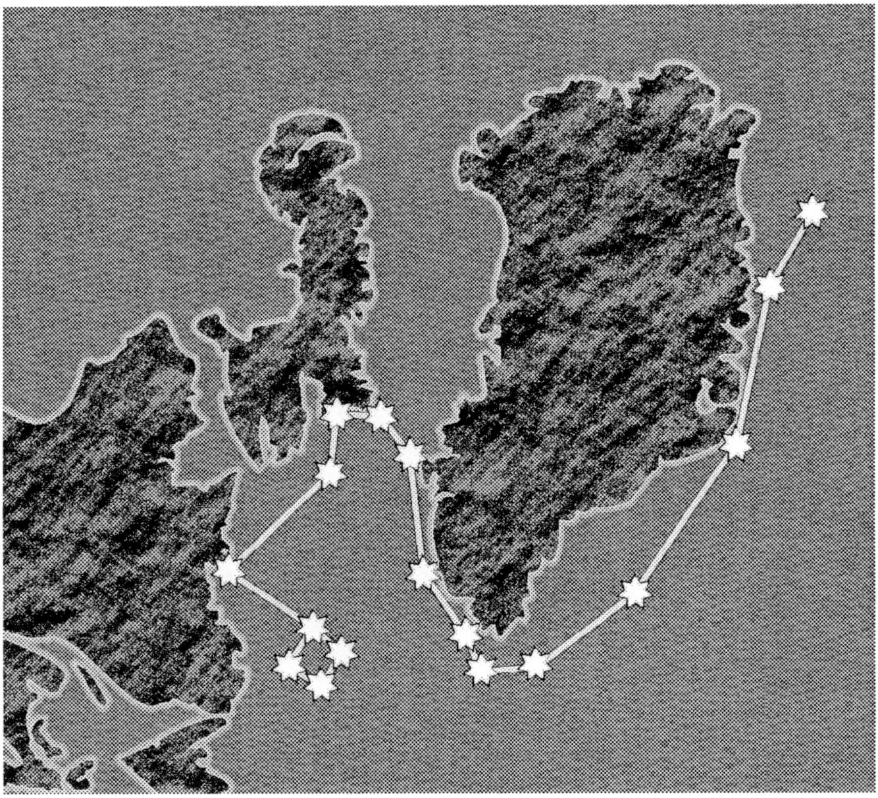

Passgenau! Das Sternbild Drache auf Grönland und dem Labradorstrom.

Drache (Draco)

Das Sternbild Drache wurde westlich von der Großen Bärin am Himmel projiziert. Folgerichtig müssen wir nach einer Region, westlich von Eismeer, Island und Nordmeer suchen. Die einzige Landmasse, die sich hier im Atlantik befindet, ist Grönland. Die kartographische Übereinstimmung des grönländischen Küstensaumes und der Sternenfolge des Drachen ist evident. Es findet sich eine exakte Darstellung des Seeweges vom Ostgrönlandstrom in den Labradorstrom.

Zu Geschichte und Mythologie

Sesti führt zur Erklärung dieses Sternbildes die Edda heran: „Am Fuße der Weltesche Yggdrasil haust der Drache“ [29)]. Seine Aufgabe ist es dort, den himmelsstützenden Weltbaum zu beschützen. Warum ist dies ein deutlicher Hinweis auf die Stimmigkeit des Systems?

Der Weltbaumkult, der dieser Geschichte zugrunde liegt, geht auf einen uralten, vorzeitlichen Himmelskult zurück.[30)] Diese Vorstellung fand wohl ihren Ursprung in der elementaren Erfahrung der Beobachtung der scheinbaren Himmelsrotation. Es sieht so aus, als ob im Norden des Sternenhimmels ein Punkt sei (heute nahe am Stern Polaris), an dem der Himmel sich nicht dreht[31].

Aus astronomischer Sicht geht es hier um die Tatsache der Rotation der Erde um ihre eigene Achse (Rektaszension und die Präzession spielen hier keine Rolle). Setzt man die Erdachse ins Unendliche fort, so reicht sie vom geographischen Nordpol bis zum Himmelsnordpol und es sieht so aus, als ob der Himmel sich um die Achse zwischen Nordpol und Nordstern dreht. Folgerichtig wurde auch der Weltbaum immer als im Norden stehend bezeichnet, denn er verdankt seine Existenz den Mythen der beschriebenen physikalischen Himmels- und Erdachse.

So lesen wir auf dem Schamasch-Relief (British Museum in London), dass die Säule jenseits des Ozeans anzutreffen ist.

H. W. Wirth führt an, dass der Weltbaum mit der Erdachse identisch ist.

Der Fuß der Achse und der „Fuß der Weltesche" müßten demnach auch dasselbe sein.

Draco liegt daher direkt am Himmelsnordpol, und Grönland liegt augenfällig „am Fuße" des geographischen Nordpoles. Es gibt kein Land im atlantischen Ozean, das näher am Nordpol liegt. Beide sind, wie die anderen Sternbilder und Landschaften in ihrem Erscheinungsbild fast identisch. Neben der griechischen Bezeichnung Drakon exis-

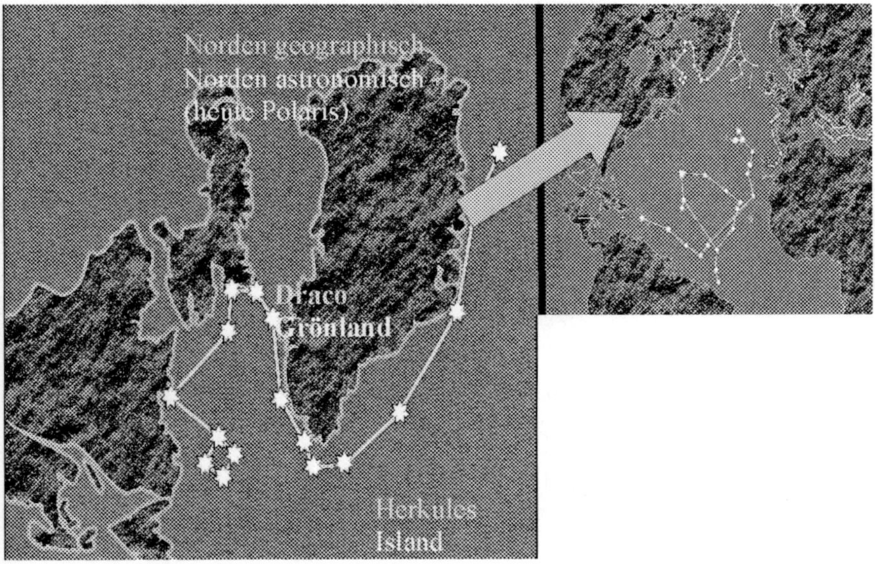

DRACHE / DRACO

Am Fuße der Weltesche Yggdrasil haust der Drache. Genau dies stellt sich am Sternenhimmel dar. Er liegt um den Norpol herum, um ihn zu bewachen. Dabei wurde ihm genau dieselbe Gestalt gegeben wie Grönland, welches am Fuße des Nordpoles liegt. Neben der griechischen Bezeichnung Drakon existieren für dieses Bild u. a.: „Anguis, Coluber, Phyton, und Serpens, die alle soviel wie Schlange oder Drache bedeuteten. Die Bezeichnung Custos Hesperidum erinnert an das Bewachen des Baumes mit den goldenen Äpfeln der Hesperiden." (Fasching, S. 89)

Das Sternbild Drache am nördlichen Sternenhimmel. Draco schmiegt sich an den Nordpol an:

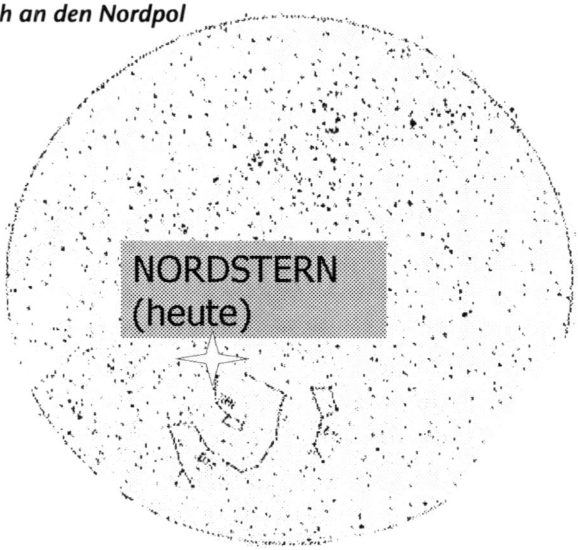

Wie bei all den anderen Sternbild-Beispielen finden wir auch hier ein in sich geschlossen zu betrachtendes Seegebiet.

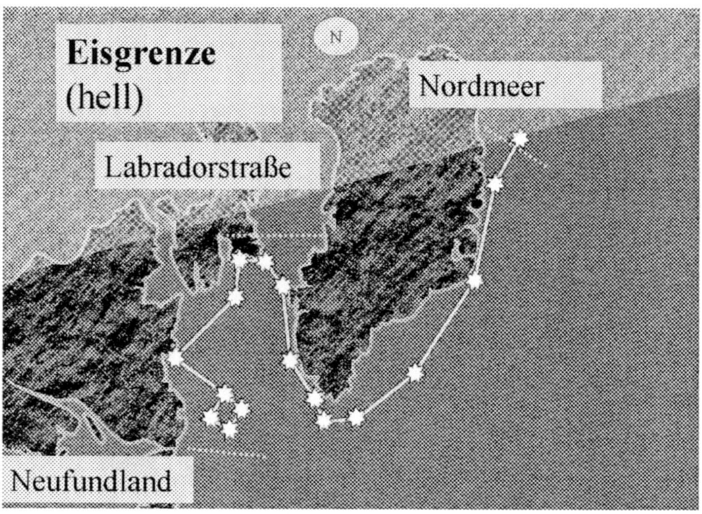

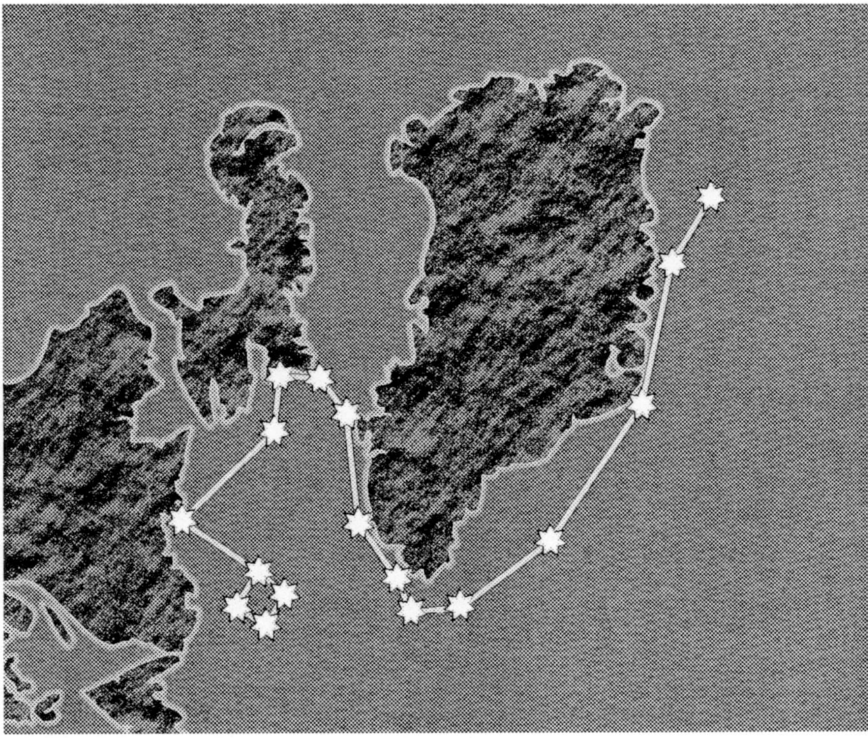

Der Pfeil zeigt die genaue Nordrichtung an, sowohl geographisch als auch astronomisch.

tieren für dieses Bild u.a. „Anguis, Coluber, Phyton, und Serpens, die alle soviel wie Schlange oder Drache bedeuten. Die Bezeichnung Custos Hesperidum erinnert an das Bewachen des Baumes mit den goldenen Äpfeln der Hesperiden.“ [32)]

Herkules

Herkules liegt etwas unterhalb des Raumes, den Bärin und Drache einnehmen.

Auf unsere geoastrographische Karte übertragen kann es sich nur um Island handeln. Island liegt zwischen Norwegen und Grönland und entspricht dem Sternbild in seinem Umriss und in seinen Ausmaßen. Die angehängten „Ausläufer" könnten die Wege zu den umliegenden Strömungen darstellen.

Zu Geschichte und Mythologie

„Dieses Sternbild dürfte zu den ältesten Figuren zählen. Man sieht hier Zusammenhänge mit alten Mythen aus dem Euphratgebiet, die von einem Sonnengott sprachen, der einen Drachen besiegt hat. Es ist auch eine Darstellung aus der Zeit um 3500 v. Chr. bekannt, die einen knienden Helden zeigt. Man vermutet, dass dieses mythologische Bild von den Griechen übernommen wurde (...) Eine sehr frühe phönizische Bezeichnung für dieses Sternbild ist Melkarth. Melkarth oder Melquart war Hauptgott von Tyrus in Phönizien und war dem Meer zugeordnet und auch der dort sehr bedeutenden Schiffahrt.[33] Aus der jüdischen Tradition stammt eine Identifikation mit Nimrod, einer alttestamentarischen Gestalt, ... die als großer Jäger gesehen wurde; auf ihn soll die Gründung Babyloniens und Assyriens zurückgehen.[34]

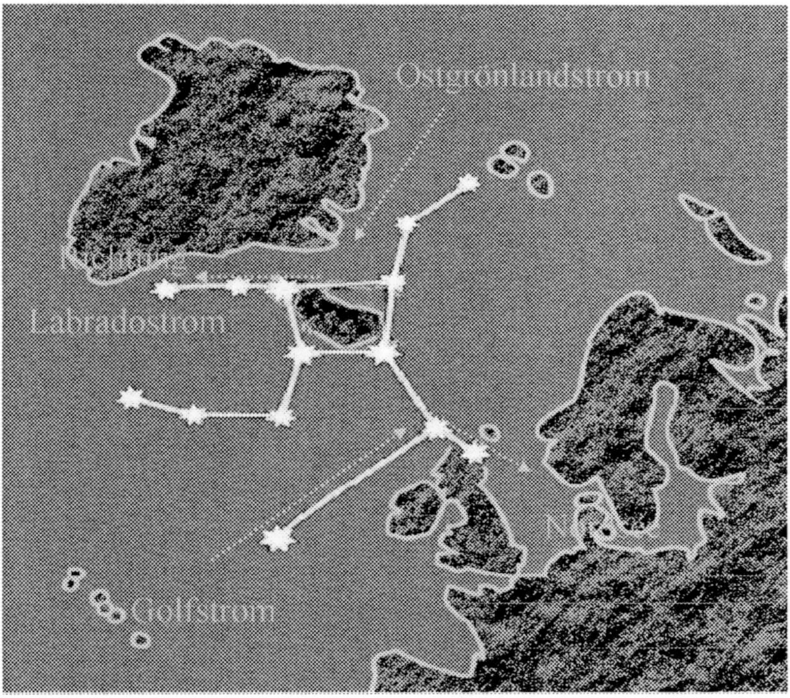

Von der Insel Island aus hat man verschiedene Möglichkeiten, die umliegenden Ziele anzusteuern. Sie sind durch die „Extremitäten" des Herkules dargestellt.

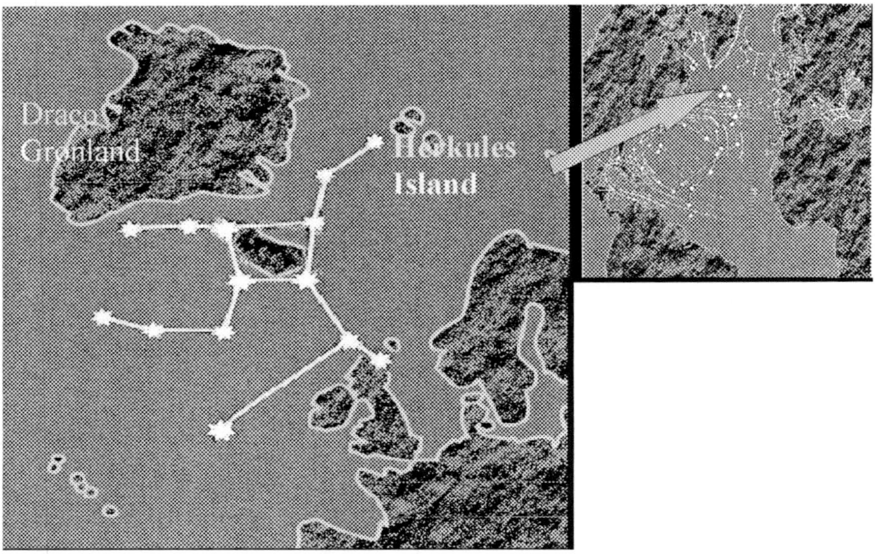

Herkules ist von den Sternbildarchitekten weit im Norden der Himmelkuppel angesiedelt worden. Wie wir sehen, stellt er Island mit den umliegenden Strömungen und Fahrtrouten dar.

Bootes und Corona

In direkter Nähe zu Herkules, als zentrale Sternbildkombination des „Steinzeitinternet-Systems", befindet sich Bootes – Corona am Firmament. Zwei Sternbilder, welche früher als ein einziges Bild gesehen wurden. Sie stehen genau in der Lücke, wo auf der Erde die britischen Inseln auftauchen. Interessant ist, dass Irland und England ehemals miteinander verbunden waren. Das Ereignis der Überflutung könnte sich in dem Bericht spiegeln, dass die beiden Sternbilder Bootes und Krone einmal zusammengehörten.

Zu Geschichte und Mythologie

In Ovids Metharmorphosen wird die Krone der Ariadne (Ariadnefaden = Orientierung) mit Theseus, einem Kind des Meeres Poseidon, in Zusammenhang gebracht. Minos hat die Krone weit auf das Meer hinausgeschleudert. „Theseus taucht aus dem Meere auf, hat den Ring triumphierend in der Hand und die funkelnde Krone in seinen triefnassen Locken. Diese Krone war es dann, die Theseus der Ariadne schenkte und diese Krone war es, die wir heute noch am Himmel sehen."[35)]

So, wie mit den beiden Sternbildern, die früher ein Bild waren und später geteilt wurden verhält es sich auch mit den beiden Ländern, welche sie symbolisieren, da es eine Zeit gab, in der die beiden Länder miteinander verbunden waren, irgendwann nach der Würm-Eiszeit jedoch durch das Meer voneinander getrennt wurden.[36)]

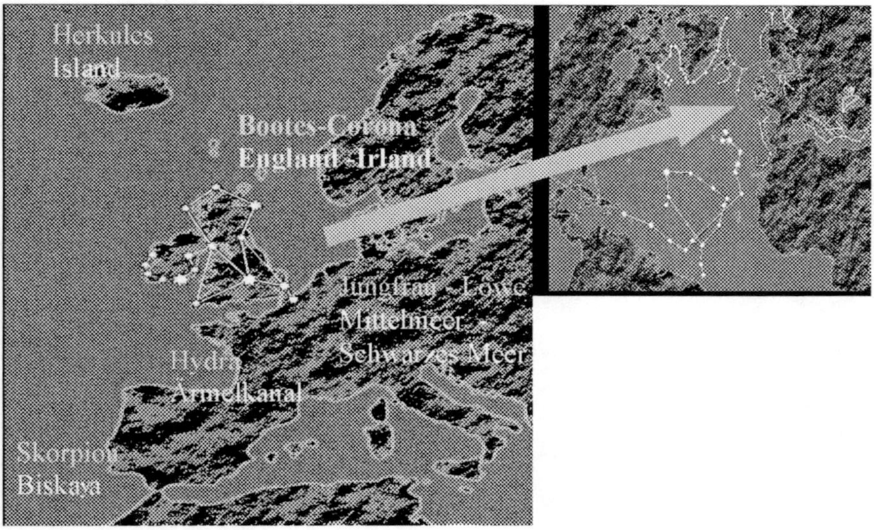
Herkules
Island
Bootes-Corona
England-Irland
Jungfrau - Löwe
Mittelmeer -
Schwarzes Meer
Hydra
Ärmelkanal
Skorpion
Biskaya

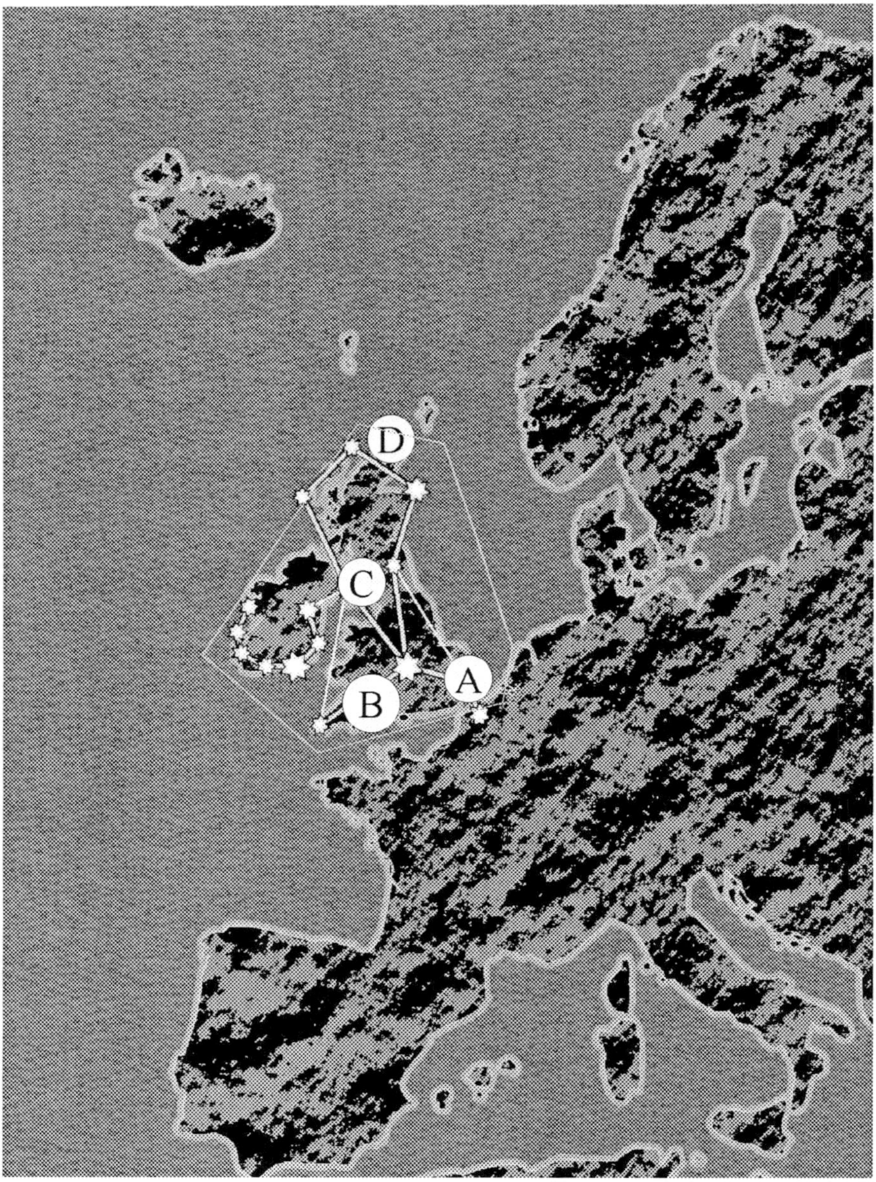

Älteste Funde von hochseefähigen Schiffen (A, C) und astronomisch ausgerichteten Megalithbauten (B, D).

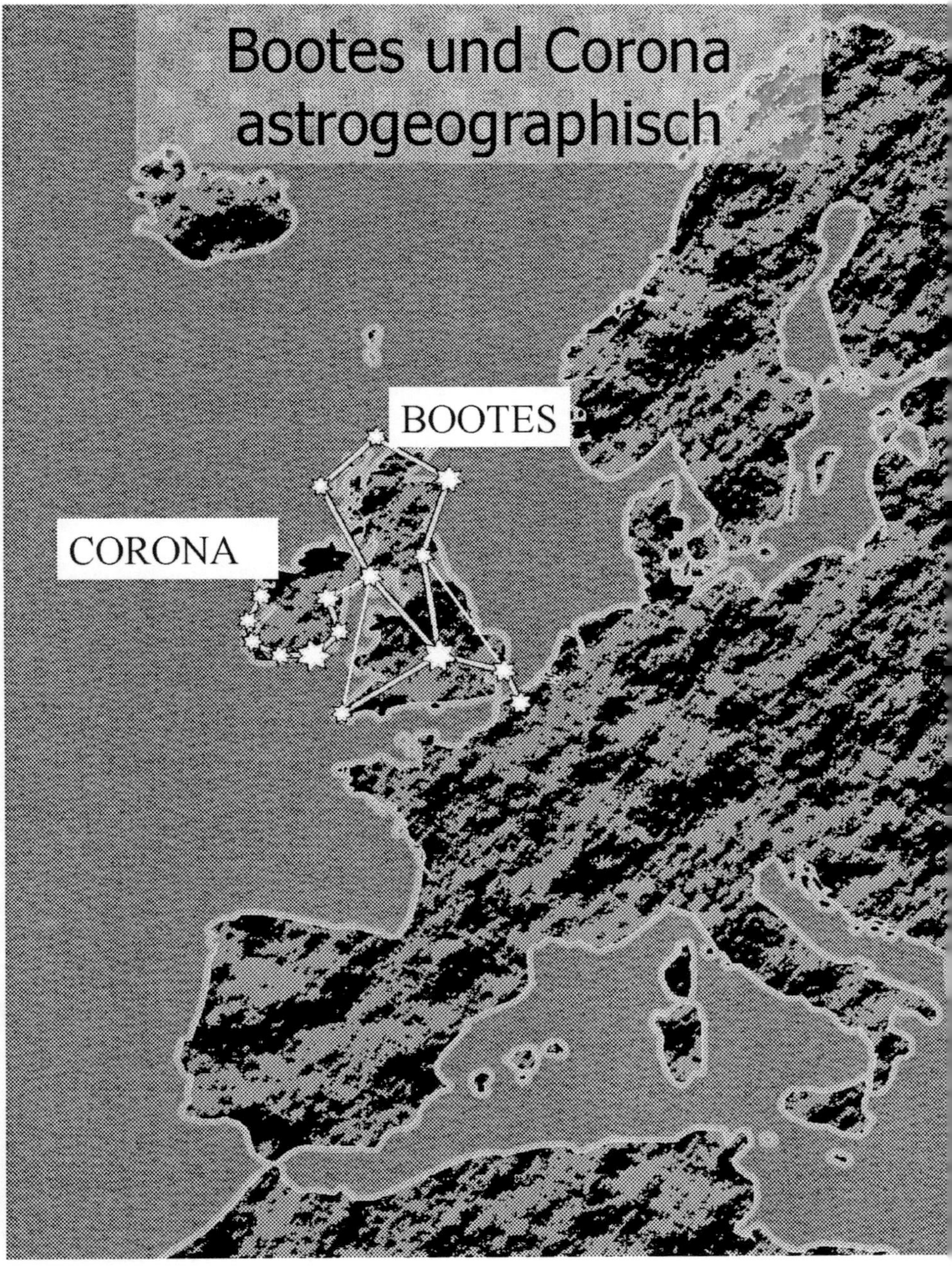
Bootes und Corona
astrogeographisch
BOOTES
CORONA

Atlantischer Ozean weiter südlich

Skorpion (Scorpio)

Bemerkenswert ist, daß die Ägypter den Begriff für Weltmeer-Ozean mit dem Namen für das Sternbild *Sin wur* (großer Wasserkreis, d.h. das die Welt umschließende Meer) gleichsetzten. Es handelt sich um die exakte Namensgleichheit von einer geographischen Region und einem Sternbild, die uns nach unserer Entdeckung nicht mehr verblüffen kann. Das ägyptische Sternbild *Sin Wur* wird bei uns Wasserschlange genannt. Wie Heute befand sich bei den Ägyptern südlich der Wasserschlange in direkter Anbindung das Sternbild Skorpion. Hierbei ist die Tatsache interessant, dass die Ägypter in dem Sternbild Skorpion ausdrücklich den Wasserskorpion gesehen wissen wollten.

Der Wasserskorpion ist am Himmel in den südlichen Gefilden zu suchen, während die Wasserschlange nördlicher liegt. Wenn wir uns nach der ägyptischen Bezeichnung des Sternbildes (s. o.) richten, müssen wir bei der Suche nach der Kombination dieser beiden Wassersternbilder nach einer Entsprechung in der Geographie außerhalb des Mittelmeeres eine Küstengestalt suchen, die im südlichen Teil dem Skorpion, und im nördlichen Teil der Wasserschlange gleicht. Diese Forderung wird mit höchster Präzision dadurch erfüllt, dass die beiden Sternbilder als Kombination exakt die Küstenform der atlantischen Küste von Gibraltar bis Helgoland abbilden. Genau dies findet sich in der Biskaya-Gibraltar-Küstenregion und der Kanalküste von Brest bis Helgoland.

Zu Geschichte und Mythologie

Der Skorpion stammt als Sternbild aus frühester (sumerischer) Zeit. Auch im Kaukasus wurde eine Zeichnung gefunden (3000 v. Chr.), die das Sternbild des Skorpion und des Schützen in ihrer typischen Sternanordnung zeigt. Dort sind die Sterne je nach ihrer Helligkeit als unterschiedlich große Kreise dargestellt. Die Darstellung des Skorpions als Wassertier war sogar an der Atlantikküste Südamerikas üblich. Indianer aus dem Flussgebiet des Rio Negro in Nordbrasilien sehen den Skorpion als große Wasserschlange an.

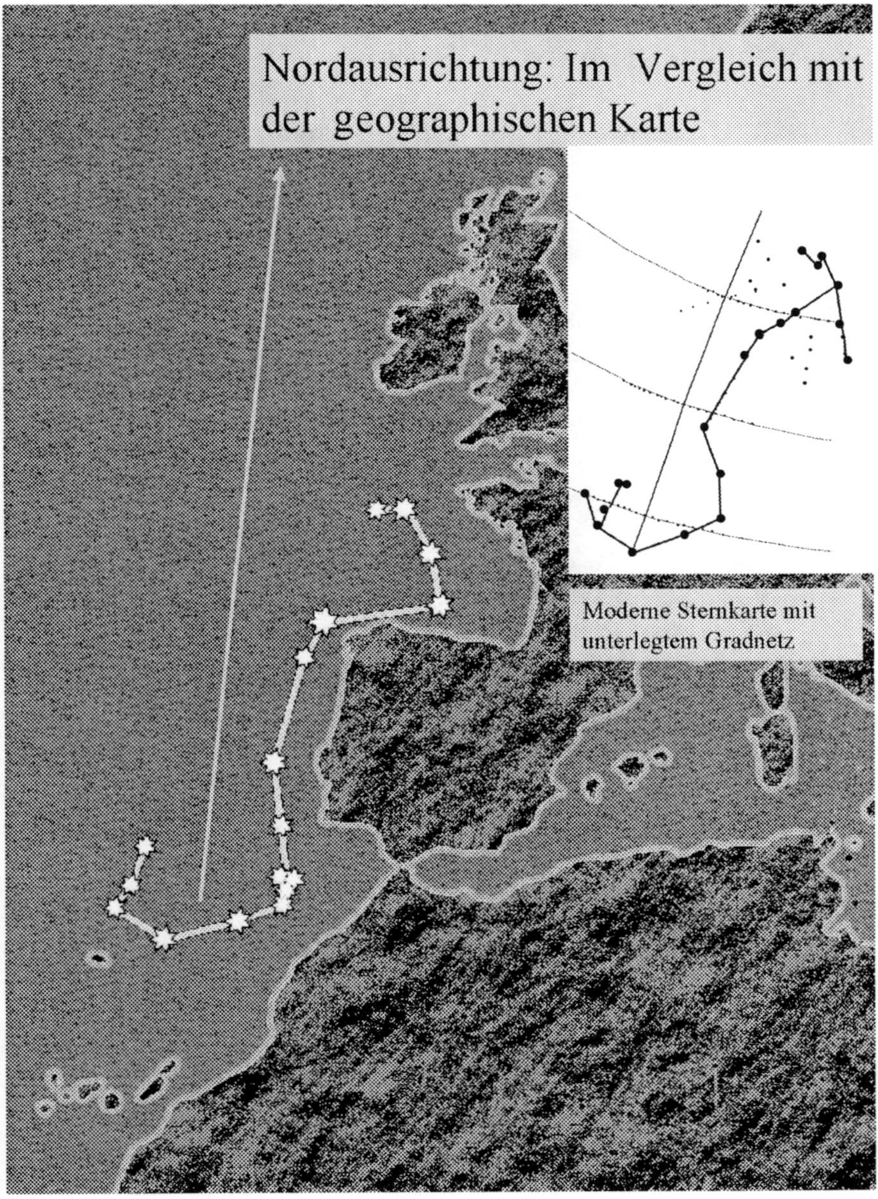
Nordausrichtung: Im Vergleich mit der geographischen Karte
Moderne Sternkarte mit unterlegtem Gradnetz

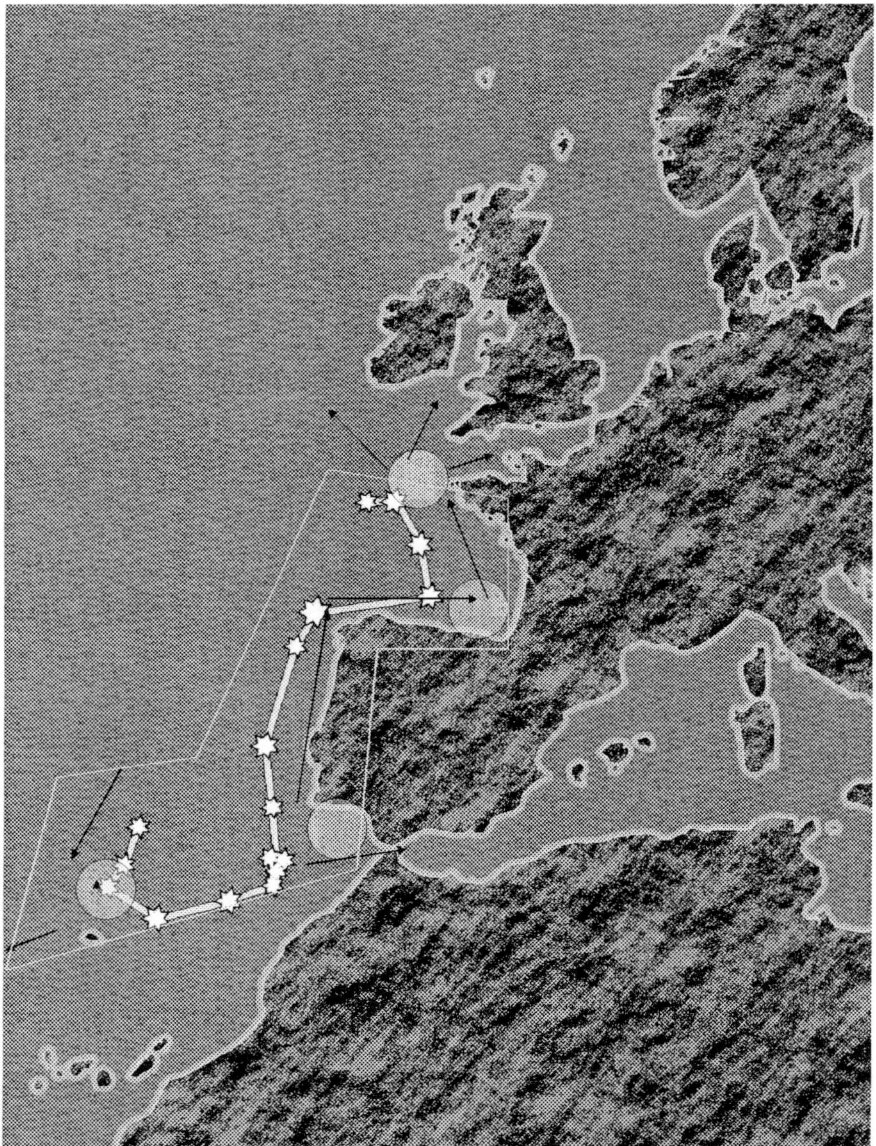

Skorpion stellt die Biskaya und das Seegebiet um Gibraltar herum dar. Von hier aus gelangt man in den Nordäquatorialstrom.

Schlangenträger – Ophiuchus

Direkt angekoppelt an das Sternbild Skorpion ist der Schlangenträger (Bedenken wir, dass die Schlange seit jeher ein Symbol für das Wasser war). Dieses Sternbild ist das größte, welches von unseren Sternbildarchitekten an das Firmament projiziert wurde. Es stellt, wie die Analyse von Lage, relativer Nordausrichtung und Stellung zu den anderen Bildern ergab, folgerichtig auch den größten bezeichneten Seeraum des Systems dar: den Raum zwischen den Kanarischen Inseln und dem Golf von Mexiko.

Zu Geschichte und Mythologie

„Bei der Beschreibung des Ophiuchus darf nicht vergessen werden, auf die geheimnisvolle Konstellationenfolge bezüglich der umliegenden Sternbilder hinzuweisen, doch kennen wir die Legende nicht, welche uns genauere Aufschlüsse über die Zusammenhänge geben könnte. Wie bei einer Oper, deren Textbuch verloren gegangen ist, fehlen uns bei Ophiuchus und den umliegenden Konstellationen die verbindenden Informationen." [37] Das „verlorene Textbuch" zu der geheimnisvollen „Oper" liegt uns durch diese Arbeit vielleicht vor:

Um den Schlangenträger liegen allseits Sternbilder, die die atlantischen Küstenregionen auf der Erde darstellen, z.B.:

Im Norden: Herkules, Drache, Krone, Bootes und Große Bärin (Großer Bär). Rechts davon: Wasserschlange und Skorpion. Links davon: Steinbock und Schütze. Identifizieren wir mit dem Schlangenträger den Mittelatlantik (Sargassosee) so finden wir im Norden: Island, Grönland, Neufundland, Irland, England und Norwegen. Im Osten: die Kanalküste, die Biskaya, Nordafrika und die Kanarischen Inseln. Im Westen: den Golf von Mexiko und die Karibik. Also alle am Himmel kartographierten Regionen. Braem bringt genau diese Regionen mit der Megalithkultur in Zusammenhang. Südlich dieser geographischen Regionen findet er keinen bedeutsamen Hinweis auf die Megalithkultur.[38] Daher finden wir im Süden auch kein einziges Sternbild, weil hier bis in neuere Zeit ein „Loch" im Sternbilderhimmel existierte. Dies hat seinen Grund darin, dass, durch die Strömungen des Weltmeeres bedingt, ein Befahren der Gefilde, die durch eine Himmelkartographie an dieser Stelle bezeichnet werden könnten, fast unmöglich ist. [39] In dem Sternbilderloch über dem Südatlantik findet sich ein weiterer Beweis für unsere These, dass die Sternbilder den Bereich des Nordatlantik und des Mittelmeeres, d. h. des Ausbreitungsgebietes der Megalithkultur zeigen.

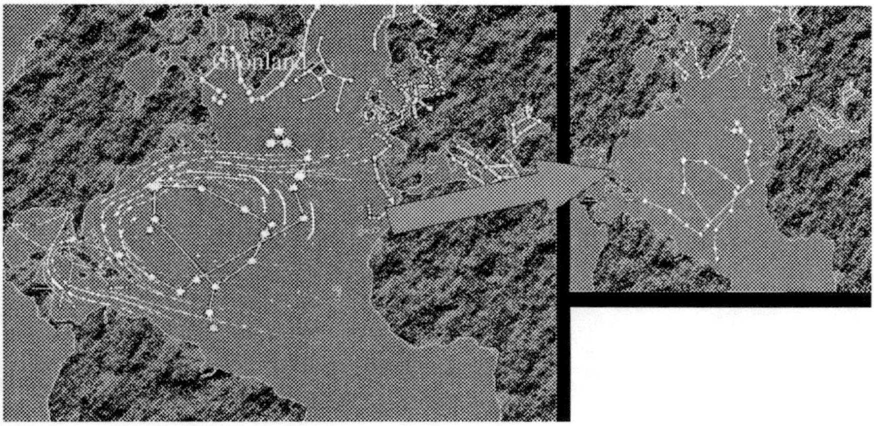

Ophiuchus spiegelt die Strömungsverhältnisse zwischen Europa und Amerika wider.

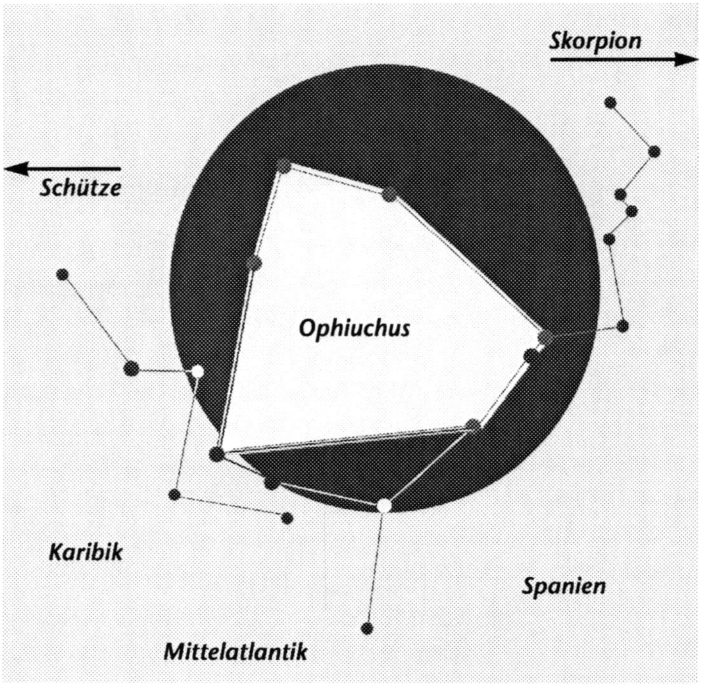

Die beiden Schlangen und der Schlangenträger[40].

Die Pfeile zeigen die Lage der Anbindungssternbilder an. Diese stellen jeweils die dem Mittelatlantik benachbarten Seegebiete dar.

Schütze und Steinbock

Im Osten des Schlangenträgers schließlich wurden als die beiden letzten Konstellationen des Systems die Sternbilder Schütze und Steinbock angebracht. Der Schütze wird in den ältesten Darstellungen (Sumer) mit Fischschwanz dargestellt, so dass der Eindruck entsteht, hier wäre auf der einen Seite noch das Meer symbolisiert und auf der anderen Seite das Land, welches in symbolischer Weise dem Abschluß des Gesamtsystems entspräche. Wir haben es hier also tatsächlich mit einer transatlantischen Kartographie zu tun. Dies bedeutet nichts anderes, als dass unter allen Umständen den Megalithikern des alten Europas der **Seeweg nach Amerika** bekannt gewesen sein muss. In der Tat kann nur hierin der Grund für die zahlreichen Übereinstimmungen hinsichtlich kultureller Leistungen in der Vorzeit der beiden Kontinente liegen. Hierzu passt auch, dass die nordamerikanischen Indianer (Algonkin, Irokesen)[41] für das Sternzeichen Große Bärin die Bezeichnung „Okuari", was Bär bedeutet, hatten. (s. Kap. *Große Bärin*)

Weitere Beispiele hierfür bilden die Schiffbautechnik, die zahlreichen Großsteingebäude sowie kultische und kosmische Vorstellungen wie die der Himmelsschlange und damit verbundene Volutensymbole, Säulenkulte und Sakralarchitektur.[42]

Die beiden Sternbilder stehen für Karibik und Mexiko.

Zu Geschichte und Mythologie

Der Schütze wird bei den Griechen mit dem Kentauren „Cheiron“[43] identifiziert. Kentauren sind bergwaldbewohnende Wesen. Chiron gilt als der Erfinder des Bogens und der Pfeile. Die geteilte Körperlichkeit des Sternbildes Schütze findet sich auch in der noch älteren sumerischen Darstellung, hier jedoch nicht als Halbpferd sondern als Halbfisch. Wir wiesen schon darauf hin, dass die geteilte Körperlichkeit die Tatsache widerspiegelt, dass hier das System der Atlantikdarstellung zu Ende ist. So grenzt auch an dieser Stelle das Land westlich an.

Die Identifikation mit einem Bergwaldbewohner hingegen, dessen besonderes Merkmal der Bogen und der Pfeil sind, mag an die Bewohner des Tropischen Regenwaldes in Nordbrasilien und der Karibik erinnern, die in der vom Sternbild bezeichneten Region tatsächlich lebten.

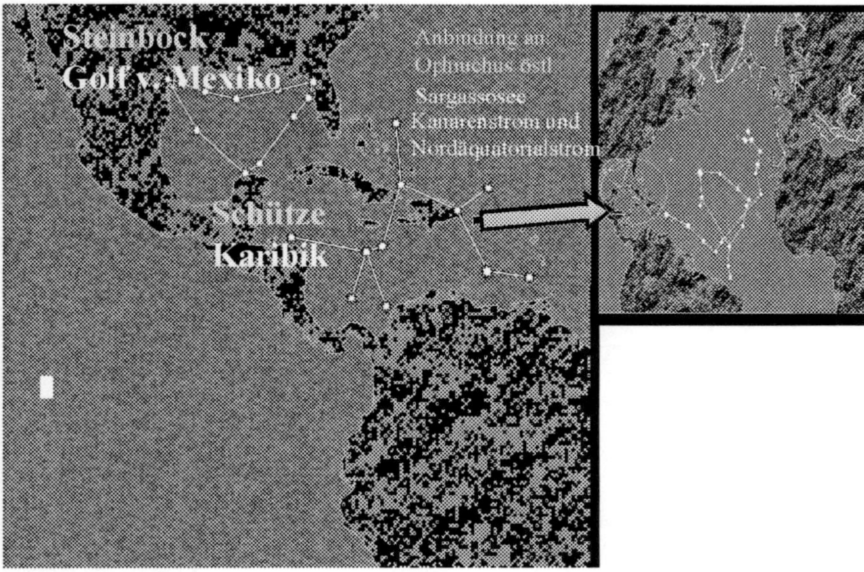

STEINBOCK/CAPRICORNUS

Der Steinbock stellt als Sternbild in früherer Zeit eine hybride Figur dar. Er berührt ebenfalls die Region, die die alten Astronomen das Meer nannten. „Wir nehmen Heute an, dass der Steinbock in der Zeit, als die sumerischen Astronomen ihren Sternenhimmel entwarfen, wie wir ihn Heute noch kennen, das Zeichen des Gottes Ea war... Er wurde als der Geist der Erd- und Wasseroberfläche angerufen... Ea ist als Idiogramm aufzufassen und bedeutete soviel wie Wohnstädte der Gewässer. Er bewohnte die Tiefen des Meeres. ... Als Gott der Meere und Ozeane" (Sesti, S. 412) waren ihm sowohl die Gebiete der Erde als auch die Himmelszonen heilig.

Nach Expertenmeinungen, welche sich auf alte Keilschriftdokumente stützen, reicht die Identifikation des Gottes Ea mit dem Zeichen des Steinbocks sehr weit zurück: „So nannte man die legendäre Himmelsstraße schon seit Menschengedenken die Straße des Ea" (was nichts anderes bedeutet als Straße des Gottes der Meere und Ozeane) (Sesti, S.412). Der Steinbock bildet den Endpunkt des Systems.

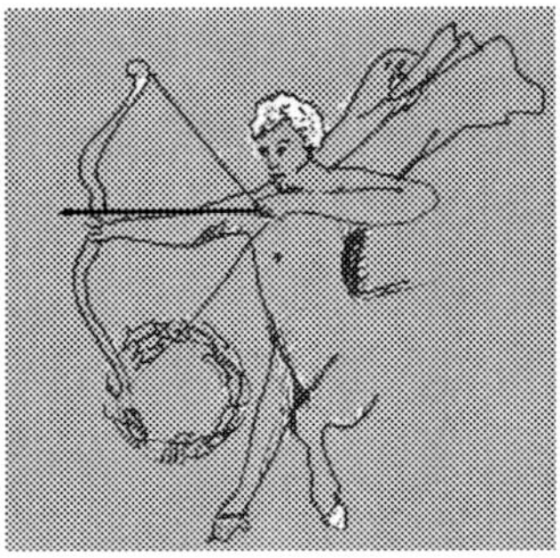

Nach Expertenmeinungen, welche sich auf alte Keilschriftdokumente stützen, reicht die Identifikation des Gottes Ea mit dem Zeichen des Steinbocks sehr weit zurück.

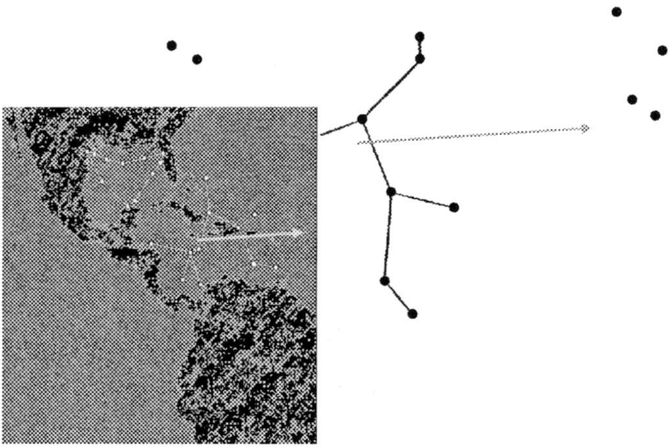

Das nächste Anbindungssternbild Ophiuchus-Schlangenträger, steht genau an der Position, an welcher auf der Erde entsprechend das von ihm dargestellte Gebiet liegt, nämlich der Mittelatlantik mit seinen wichtigen Strömungen.

6. Vorgeschichtliche Seefahrt und Technik in Europa

(nach Höckmann)

Bevor wir näher auf die Nautik und die nautisch genutzten Sternkonstellationssysteme eingehen, soll verdeutlicht werden, dass Schiffbau und Nautik in vorgeschichtlicher Zeit bemerkenswert entwickelt waren. Hingegen der landläufigen Vorstellung von Einbäumen haben wir es vor 10.000 Jahren bereits mit konstruierten Booten zu tun. „Schon vor 10.000 Jahren finden wir in Europa die ersten Hinweise auf filigran konstruierte, sehr leistungsfähige Boote in den Küstenregionen der Erde:" [43] ... aus dem Endpaläolithikum (vor 8000 v. Chr.) liegt ein archäologischer Beweis dafür vor, dass der Mensch gelernt hat Wasserfahrzeuge zu bauen. Es handelt sich um den Spant eines Bootes. Andere Funde weisen darauf hin, dass später auch eine Seehandels- und Schifffahrtsaktivität im mediterranen Raum 7–6000 v. Chr. existierte. Dazu heißt es bei Höckmann: „Wenig später wird in der Ägäis deutlich, dass man sich schon regelmäßig aufs Meer hinaus gewagt hat. (...) Im 6. Jt. v. Chr. wurden die großen Inseln Zypern und Kreta (durch Schiffahrt, Anm. d. Verf.) von neolithischen Bauern kolonisiert.“ [44)]

Die meisten Menschen haben bezüglich der astronomischen, künstlerischen, geographischen, technischen und v.a. der seefahrerischen Kenntnisse der frühen menschlichen Kulturen ein veraltetes Bild. Die Möglichkeit der Seefahrt hängt maßgeblich von der eben angesprochenen Bootsentwicklung ab. Die Leistungsfähigkeit der ältesten Bootskonstruktionen (z. B. die Fellboote) ist mit denen der Eskimoboote zu vergleichen. Wir wissen, dass diese als Küstenboote in subpolaren Regionen über 1000 Meilen zurücklegen können. Höckmann schreibt hierzu: „Der Fund von Husum und skandinavische Felszeichnungen beweisen, dass die ältesten Wasserfahrzeuge Europas Fellboote waren. Solche zweckmäßigen, überraschend seetüchtigen Boote dienen stellenweise noch Heute in Irland zur Küstenfischerei, und ein Nachbau des Lederboots St. Brendans hat unlängst sogar den Atlantik überquert.“[45)] Außerdem heißt es im historischen Überblick: „Ebenso frühe Seefahrten lassen sich aus Funden in Japan und Taiwan, Portugal und Norwegen erschließen, und wenn nicht ein Zufall die Archäologen täuscht, dürften im Neolithikum sogar Fischer aus Japan, durch die Meeresströmungen verschlagen, lebend die Küste von Ecuador erreicht haben! Diese Beispiele zeigen, dass das Meer für den neolithischen Menschen keine unüberwindliche Sperre mehr war.“ [46)] Es gibt später aber noch verschiedene andere Arten und Gattungen von Booten und Schiffen. „Man unterscheidet: Flöße, Balgboote, Einbäume und Plankenschiffe.(ebd.)“ Segelboote gibt es mindestens seit dem 3.Jt.. v. Chr. wahrscheinlich auch schon früher. Die schriftlich gesicherten Mythen der ältesten Völker lassen ein noch viel früheres Datum vermuten (Utnapischtim, Arche Noah etc.). Die in den frühesten Mythen erdachten Boote müssten, wenn man die in den Geschichten geschilderte Leistungsfähigkeit auch nur zum Teil ernst nimmt, relativ große Ausmaße gehabt haben. Es wurden bislang einige wichtige Bootsfunde gemacht. So wurden bronzezeitliche Schiffe in ganz Europa und dem Mittelmeerraum ausgegraben, wie letztlich in Schottland oder an der englischen Südküste. In Skandinavien findet man älteste Steinsetzungen in Bootsform. Immerhin finden wir auch in Ägypten und dem Mittelmeerraum Schiffe aus frühester Zeit, wenngleich sie für unsere Arbeit weniger bedeutsam sind, da sie nicht hochseetüchtig waren und sich zur Flussschifffahrt auf dem Nil eigneten. Leider handelt es sich bei den Funden um Ausnahmen. Archäologische Funde diesen Alters sind leider allzu selten, da die Baustoffe sehr schnell verrotten. Wir sind darauf angewiesen auch andere Quellen zu untersuchen, wie z. B.: Steinritzungen, Tonmodelle von Schiffen und sonstige Darstellungen. Über die Größe der hochseetauglichen Schiffe geben uns spätere Zeugen Auskunft. Wir wissen aus Steinritzungen und Funden, dass die bronzezeitlichen Schiffstypen Europas den späteren Wikingerschiffen sehr ähnelten. Diese besaßen eine durchschnittliche Länge von 20–25 m. Damit konnten sie Atlantikstürme optimal überwinden. Dies hängt mit der Größe der Meereswellen und der Werkstoffstabilität der elastischen Holzkonstruktionen der Boote zusammen. Die technischen Voraussetzungen waren in der Bronzezeit für den Bootsbau nicht viel schlechter als 700 n. Chr. Wir kennen z. B. die Abbildungen großer hochseetüchtiger Rahsegler aus der Bronzezeit, z.B. in Bohuslän / Schweden und Medinet Habu/Ägypten. Das Ergebnis der vorliegenden geoastronomischen Forschungsarbeit bedingt, dass es zur Entstehungszeit hochseetüchtige Schiffe gegeben haben muss. Um die steinzeitliche Atlantiküberquerung technisch für möglich zu erachten, müssen wir uns noch einmal folgendes vor Augen halten:

Man kann durchaus mit relativ kleinen Schiffen den atlantischen oder sogar den pazifischen Ozean befahren und überqueren – hierzu noch einmal Beck: „Daraus könnte man die voreilige Auffassung ableiten, dass Wasserfahrzeuge des Altertums nicht seetüchtig waren, mithin auch keine Ozeane bezwingen konnten und bestenfalls für die Küstenschiffahrt geeignet waren. Aber dann muss man auch die Gegenfrage stellen: Wie konnten die Polynesier mit ihren Auslegerkanus die

Weiten des Pazifik bezwingen?"[47] (tatsächlich manchmal 4000 sm, Anm. d. Verf.)

„Auch die kühnen Unternehmungen T. Heyerdahls sprechen eine andere Sprache. Er bezwang mit Floß und Schilfboot, Pazifik, Atlantik und auch den Indischen Ozean." [48] Thor Heyerdahl hat mit seinen Expeditionen und nicht zuletzt in seinem neuesten Buch („Lasst sie endlich sprechen") zweifelsfrei Kontakte zwischen Europa und Amerika nachgewiesen. Ebenso ist dies Heinke Sudhoff in hervorragender Weise gelungen.

Die technische Möglichkeit der vorzeitlichen Hochseeschiffahrt (teils sogar der transatlantischen) haben unterschiedliche Expeditionen mit Booten und Flößen bezeugt. [49]

Bislang glaubte man aber die durch viele Funde immer wieder auftauchende Hypothese eines transatlantischen Kontaktes der Kulturen durch die Seefahrt abweisen zu müssen, weil die vorzeitliche Navigationskunst und Schiffbautechnik weithin unterschätzt wurden.

Die vorliegende Arbeit hilft, die diesbezüglichen Lücken zu füllen und unterstützt die Vermutung nachdrücklich, dass es vorgeschichtliche Hochseeschifffahrt gab.

Hochseeschifffahrt

Schiffe müssen, um hochseetauglich zu sein, bestimmte Bedingungen erfüllen. Unter den Bedingungen der Vorzeit gelang dies etwas kleineren Schiffen besser. Die hochseefähigen Schiffe müssen Reisen gestatten, die über weite Entfernungen auf dem offenen Ozean geführt wurden. „Kennzeichen solcher Reisen sind ihre lange Dauer – und damit im Zusammenhang stehend – das wahrscheinliche Auftreten von Schlechtwetterperioden mit starkem Wind und hohem Seegang." Besondere Voraussetzungen für die Hochseetüchtigkeit sind „Schwimmfähigkeit, Tragfähigkeit, Geschwindigkeit und Manövrierfähigkeit, weiterhin seine Stabilität".[50)]

Schwimmfähigkeit meint, dass das Schiff oder Boot mit seinem Herstellungsmaterial die Dauer einer Seereise übersteht (nehmen wir einen Monat für eine Atlantiküberquerung an). Holz darf sich nicht zu sehr vollsaugen und nicht verfaulen. Das Segeltuch darf nicht verrotten. Die Verbindungen zwischen den Planken müssen stabil sein.

Tragfähigkeit meint, dass „die Erfüllung einer Transportaufgabe"[51)] gewährt bleibt, bei gleichzeitigem Erhalt der Seetüchtigkeit. Transportgut können neben den Passagieren und der Mannschaft auch einige Handelsgüter gewesen sein, wie wir nicht zuletzt von den Wikingerschiffen ableiten können.

Geschwindigkeit ist ein weiteres Kriterium, „denn sie hat grundlegenden Einfluss auf die Dauer der Reise. Mit der Dauer der Reise steigt nämlich die Menge des mitzuführenden Proviantes."[52)]

Daher sind auch Kenntnis und Ausnutzung der Meeresströmungen für Boote besonders wichtig – speziell für segellose Boote. Die pazifischen Polynesier kennen z. B. die Meeresströmungen sehr genau und testen zum Teil noch mit der eingetauchten Hand die Temperaturen des Wassers um zu erkennen, in welchem Fahrwasser sie sich befinden.

Wir konnten bislang nicht sicher sein, dass die Strömungen früher bekannt waren. Die Unkenntnis derselben hätte die Seefahrt zwischen den Inseln und Kontinenten unmöglich gemacht oder zumindest in hohem Maße erschwert. Kann man sonst in der relativen Nähe der Küsten in allen anderen Regionen „Islandhopping" betreiben, also von Insel zu Insel „hüpfen", so erscheint die Einhaltung der Seefahrtroute zwischen Kanaren und Antillen auf den ersten Blick nicht so leicht möglich zu sein. Zur Überwindung dieser Strecke müssen die Strömungsverhältnisse berücksichtigt werden. Für die Navigation über den Atlantik wurde der Schlangenträger als Sternbild entworfen, der während der gesamten Überquerungsdauer des Atlantiks von der Biskaya bis zur Karibik hervorragend sichtbar ist. Befindet man sich mehr im Norden sieht man den nördlicheren Teil hoch am Himmel, befindet man sich im Süden (Äquatorialstrom) kann man sich am gut sichtbaren südlicheren Teil des Sternbildes orientieren. Genauso verhält es sich bei allen anderen Sternbildern. Wenn man sich an der Küste Grönlands aufhält, so ist das entsprechende Sternbild Drache hoch am

Himmel zu sehen. Für den Bereich des Nordäquatorialstromes ist Drache gar nicht sichtbar – d.h. in diesem Bereich unbrauchbar. Die Sternbilder lassen sich in der Region benutzen, die sie am Himmel darstellen.

Dies ermöglicht eine Orientierung nach den Hauptströmungen des Nordatlantischen Ozeans. Durch das geoastrographische Sternbild „Schlangenträger" war es möglich, die optimale Route einzuschlagen. Wie schwierig es ist, ohne die Kenntnis dieses navigatorischen Systems am Himmel zu reisen, hat uns Christoph Kolumbus gezeigt. Er ist in Unkenntnis der Bedeutung unserer Sternkarte genau in die Kalmen, die sog. Rossbreiten, gefahren, in welchen praktisch immer eine Flaute herrscht. Dadurch bedingt hat seine Reiseunternehmung viel länger gedauert als nötig und er hätte sie beinahe abbrechen müssen. Die megalithischen Sternbildarchitekten sind ihm hier wohl sogar einen Schritt voraus gewesen.

Wir sehen bildhaft die Situation an den Himmel über dem Atlantik projiziert: Schlangenträger „Ophiuchus" bildet in seiner Lage und Form in etwa die Kalmen nach und hat bezeichnenderweise zwei Schlangen (Wassersymbole) in Händen. Die eine führt die Seefahrer von der nordafrikanischen Küste in den Kanarenstrom und die andere liegt genau auf dem Antillenstrom. Sie führt die Seefahrer wieder zurück. Verbunden sind sie durch eine winkelgenau angepasste Strecke, welche unterhalb der Mitte des Schlangenträgers liegt. Diese Strecke ist die Entsprechung des schnellen Nordäquatorialstromes. Hält man sich an die im Sternbild angegebenen Winkelinformationen und übersetzt sie in den eigenen Kurs, kommt man am schnellsten an.

Stellt man sich nun noch vor, dass wir es mit Schiffen zu tun haben, die über Ruder oder Segel verfügen (Rahsegler wie die der Seevölker in der Bronzezeit), so wird deutlich, dass die Hochseeschifffahrt von den Antillen nach den Kanaren technisch bedeutend einfacher war, als bislang vermutet.

Der Bericht, demzufolge Indianer Kolumbus und seine Eroberer freundlich begrüßt haben, weil sie für die Indianer die Nachfahren von anderen früheren Seemännern gewesen seien, erscheint nun in einem neuen Licht. [53)]Dies zeigen die Theorien von Heyerdahl und Sudhoff. Die Indianer erzählten, dass vor langer Zeit schon einmal weiße, bärtige Gestalten an derselben Stelle angekommen seien. Sie berichteten davon, dass sie hierher gekommen seien, dann wieder nach Hause fahren wollten, um dann wieder zu kommen. Dies klingt, wenn wir die Quelle als glaubwürdig bewerten dürfen, als wäre es für die Bärtigen keine Schwierigkeit gewesen sich vorzustellen, die Reisen zu wiederholen und den Weg immer wieder finden zu können. Weiter wird berichtet, dass sie mit fliegenden Schiffen über das Meer aus dem Osten gekommen seien.

Der von einigen Forschern immer wieder vermutete Zusammenhang zwischen den Hochkulturen beiderseits des Atlantiks kann nun nicht mehr von der Hand gewiesen werden. Bei diesen Hochkulturen handelt es sich um Megalithiker.

Für interkulturelle Beziehungen sprechen, wie oben erwähnt, viele archäologische Funde gleicher Art (Pyramidenbau, Artefakte, Symbole, Mythologie etc.). Für unsere Arbeit relevant ist, dass beiderseits des Atlantiks astronomische Observatorien gebaut wurden. Ohnehin ist nur durch einen vorgeschichtlichen Kontakt die Möglichkeit einer Kartographierung der Küste Amerikas (wie wir sie in unserem Sternensystem finden) gegeben. Zur Bedeutung der Astronomie und Mathematik in den Bauten der Megalithkulturen schreibt Müller in seinem Buch: „Dieses Buch erzählt von den bewundernswerten astronomischen und mathematischen Kenntnissen des Menschen der Steinzeit, der das himmlische Geschehen bei der Ausrichtung seiner Megalithbauten mit erstaunlicher Genauigkeit seinen Zwecken dienlich machte.“ [54)] Die Megalithiker Europas waren als Einzige in der Lage, gleichzeitig Höchstleistungen in der Astronomie, der Schifffahrt und der Kartographie Europas und Mittelamerikas zu betreiben. Durch die Observatorien konnte man die Aufgangszeiten der Sterne feststellen. Die Kenntnis der Aufgangszeiten und der relativen Position der Sterne macht eine Nutzung der Sternenkarte als Navigationskarte möglich.

Als Bewohner des atlantischen Küstensaumes waren die Megalithiker in der Seefahrt erfahren genug. Außerdem macht eine Kartographie der megalithischen Küsten besonders für die Megalithiker einen Sinn. Ihre Navigationsweise teilte die Meeresgegenden in unterschiedliche Regionen ein. Je nachdem, in welcher Region man sich befand, beispielsweise. in Nordafrika, wurde nach dem dort zu sehenden Sternbild navigiert. Startet man in Island und möchte über die Britischen Inseln nach Gibraltar fahren, so orientiert man sich zunächst an dem nördlichsten Sternbild Drache, dann an dem südlich von Drache gelegenen Sternbildpaar Bootes – Corona, um noch weiter südlich den Skorpion anzupeilen. Dies funktioniert selbstverständlich in umgekehrter Richtung genauso.

Außerhalb des Bereiches der Megalithkulturen wurde keine kartographische Vermessung des Himmels vorgenommen.

7. Anhang, Anmerkungen

1) s. DtV Atlas der Astronomie

2) bis 2. Größenklasse, s. Kosmos Verlag, Karte: Nördlicher Sternenhimmel

3) vgl. Daucher/Seitz, S. 14ff.

4) vgl. Fechner

5) vgl. Platon, Timaios, c.7-9, 31C–37C

6) zur Ausbreitung der Megalithkultur vgl.: Forte, S. 137 und Brehm Harald, S. 72

7) vgl. Sesti, S.299

8) ebd.

9) zitiert nach Sesti, S. 341

10) vgl. Sesti, S. 379

11) ebd.

12) siehe zu Schleppstrecke in der Antike: Wolf, S. 59

13) Herodot, Historien, 3,115

14) Pausanias, 1.4.1.

15) vgl. Henning, S.58-69

16) zitiert aus: Germanen und Germanien in römischen Quellen, A. Heine, S. 42

17) Der Verfasser des Buches „Germanen und Germanien in römischen Quellen" meint, dass es

sich bei Bauroria um Helgoland oder vielleicht Bornholm handelt

18) vgl. Sesti, S. 342

19) vgl. Fasching, S.191

20) zitiert nach: Sesti, S. 327

21) zitiert nach: ebd., S. 299

22) Geschichte der Eider nach: Broschüre des Landesmuseums Schleswig-Holstein

23) Anm.: Durch die Bezeichnung Jordan darf man sich nicht irritieren lassen. Im hebräischen ist dies eher als der Inbegriff des Flusses in allgemeinen zu sehen, so dass es durchaus denkbar ist, dass in einer noch früheren Überlieferung ein anderer Name genannt wurde. Dafür spricht die Tatsache, dass weder der Jordan noch einer seiner Zuflüsse in den Okeanos mündet.

24) vgl. Fasching, S. 191

25) Sesti, S. 393

26) ebd., S. 403

27) Ovid, S. Ovid, Metamorphosen, II, V. 129-132

28) Fasching, S. 102

29) Sesti, S. 327

30) vgl. Wirth W., Kultischer Ursprung und Werden der Volute

31) vgl. Wirth W., Die Volute, Symbol einer kultischen Weltordnungsidee

32) Fasching, S. 89

33) ebd.

34) ebd., S. 152

35) ebd., S.149

36) vgl. Putzger, S. 3

37) vgl. Sesti, S. 391

38) vgl. Braem

39) dies gelang lediglich einem Seefahrer wie Himilko, dem Phönizier, der im Auftrage des ägyptischen Pharaonen Afrika umsegelte.

40) vgl. Sesti, S. 408

41) vgl. Wirth W., Kult. Urspr. und Werden der Volute

42) vgl. Sesti, S. 408

43) vgl. Höckmann, S. 9

44) ebd.

45) ebd. S. 37

46) ebd. S. 9 f.

47) vgl. Wiebeck/Lübeck, S. 11

48) ebd.

49) ebd. S. 10

50) ebd.

51) ebd. S. 12

52) ebd. S. 12

53) Sudhoff, S. 178

54) Müller, S.7

8. Literaturhinweise

Arenhold, L.: Die allmähliche Entwicklung des Segelschiffes von der Römerzeit bis zur Zeit der Dampfschiffe, Leipzig 1906

Basch, L.: „Phonecian Oared Ships“, in: The Mariners Mirror 55 (1969), S. 139–246

Braem, H.: Die Geheimnisse der Pyramiden, München 1992

Buchner, G.: „Antike Reiseuhren“ in: Chiron 1 (1971), S. 457–482

Canby, C.: Geschichte der Schiffahrt, Lausanne 1962

Casson, L.: Ships and Seamenship in the Aincient World, Princeton 1971

Cooper, J.C.: Lexikon der Symbole, Leipzig 1986

Daucher H./Seitz R.: Didaktik der bildenden Kunst, München 1969

Dtv-Atlas, Herrmann J., München 1973

Dudszus/Henriot/Krumey: Das große Buch der Schiffstypen. Schiffe, Boote, unter Riehmen und Segel, München 1982

Ellmers, D.: „Ein Fellboot-Fragment der Ahrensburger Kultur aus Husum, Schleswig Holstein?“ in: Offa (37) 1980, S. 19ff

– „Der Nachtsprung an eine hinter dem Horizont liegende Gegenküste“ in: Deutsches Schiffahrtsarchiv (4) 1981, S. 153 ff

Faure, Paul: Die Griechische Welt im Zeitalter der Kolonisation, Stuttgart 1981

Fasching G.: Sternbilder und ihre Mythen, Augsburg 1993

– Zerbricht die Wirklichkeit?, Wien/New York 1991

Fechner G. Th.: Elemente der Psychophysik, Berlin 1866

Forte M.: Die neue Archäologie, Mailand 1996

Glöckner, H.: Auf den Spuren des Baldr; Der germanische Gott Baldur und der Sirius, Frankfurt a. M. 1990

Graeve, De M.C.: The Ships of the Aincient Near East, 2000–500 B.C., 1981.

Güngerich, R.: Die Küstenbeschreibungen in der griechischen Literatur, Münster 1975

Gundel, W.: Sternbilder. Sterne und Sternbilder im Glauben des Altertums und in der Neuzeit, Bonn/Leipzig 1922

Heine A. (hrsg.): Germanen und Germanien in griechischen Quellen, bearb. von Neuwald B., Essen 1992

– Germanen und Germanien in römischen Quellen, ebd. 1991

Hennig R.: Terrae Incognitae I, Leiden 1944

– „Die britischen Inseln im Altertum" in: Saeculum 3 (1952), S. 56-69

Herodot: Historien, dt. von A. Horneffer, Stuttgart 1971

Herrmann, J.: Welcher Stern ist das?, Stuttgart, 1992

Höckmann, O.: Antike Seefahrt, München 1985

Jensch, G.: Die Erde und ihre Darstellung im Kartenbild, Braunschweig 1970

Keller, H. U.: Das Himmelsjahr – Sonne Mond und Sterne im Jahreslauf, Stuttgart 1996

Kühn, H.: Die Felsbilder Europas, Stuttgart 1952

– Die vorgeschichtliche Kunst Deutschlands, Berlin 1935

– Kunst und Kultur der Vorzeit Europas, Berlin 1929

Lesky, A.: Thallatta – Der Weg der Griechen zum Meer, Wien 1977

Lewis, D.: „Wind Wave Star and Bird" in: National Geographic 146; Heft 6 (1974), S. 747–781

Lübeck, I.: Welt der Entdeckerschiffe in berühmten Nachbauten, Hamburg 1994

Lurker, M.: Lexikon der Götter und Dämonen, Stuttgart 1989

Moore, P.: Observers Astronomy, London 1988

Müller, R.: Der Himmel über den Menschen der Steinzeit – Astronomie und Mathematik in den Bauten der Megalithkulturen, Berlin/Heidelberg/New York 1989

Nissen, H. J.: Mesopotamien und seine Nachbarn, Berlin 1982

Pausanias: Beschreibung Griechenlands, übers. von Meyer E., München/Zürich 1954

Platon: Sämtliche Dialoge, hrsg. u. übers. von Apelt O., Bd. 6, Hamburg 1993

Poesner, G.: Knaurs Lexikon der ägyptischen Kultur, München/Zürich 1978

Putzger, Historischer Weltatlas, Berlin 1979

Ranke Graves, R.: Griechische Mythologie. Quellen und Deutung, Hamburg 1984.

Qualls, C.: Boats of Mesopotamia before 2000 B.C., 1982

Sesti, G.: Die Geheimnisse des Himmels, Köln 1991

Sudhoff, H.: Sorry Kolumbus – Seefahrer der Antike entdecken Amerika, Bergisch-Gladbach 1990

Trebitsch, R.: Fellboote und Schwimmsäcke und ihre geographische Verbreitung in der Vergangenheit und Gegenwart, Braunschweig 1912

Thurston, H.: Early Astronomy, New York 1993

Wachsmuth, D.: POMPIMOS HO DAIMON Untersuchungen zu den Antiken Sakralhandlungen bei Seereisen, Diss. FU Berlin 1967

Waerden, v.d, B.L.: Die Anfänge der Astronomie, Groningen 1959

– Die Astronomie der Griechen – Eine Einführung, Darmstadt 1988

Wätjen, H.: Aus der Frühzeit des Nordatlantikverkehrs. Studien zur Geschichte der deutschen Schiffahrt und deutschen Auswanderung nach den Vereinigten Staaten, Leipzig 1932

Wilhelmy, H.: Karthographie in Stichworten, Kiel 1981

Wheeler, W.: Der Fernhandel des römischen Reiches in Europa, Afrika und Asien, 1965

Widmann-Schütte: Welcher Stern ist das?, Stuttgart 1977

Wirth, H. W.: „Kultischer Ursprung und Werden der Volute." in: IPEK 24 (1974-77), S. 78ff

Wolf, A./Wolf,H.: Die wirkliche Reise des Odysseus, München/Wien 1990

Der Autor spricht seinem Team und seinen hilfreichen Freunden besonderen Dank aus: seinem Vater Prof. Heinz Willi Wirth und seiner Mutter Ingeborg Maria Wirth, ganz herzlich Frank Pfeifer, Simone Eff, Inga Meinking, Heike und Dirk Nabert, Dr. Philipps, Ingo Wirth, Günther Wirth, Dr. Günther Philipps, Dr. Gerbaldo†, Prof. E. Beyer, Dr. Michael Ursprung, Uta Hamann, Nathali Zirovcic, Claire Roether, und der Firma Business World Communications in Frankfurt, die mich auf unterschiedliche Art und Weise unterstützt haben.

Ich widme die Arbeit respektvoll den mutigen Seefahrern und Sternbildarchitekten der Vorzeit sowie meinem Filmteam: Simon Stadler, Ivo Fuchs, Eike Philipps, Oliver Wilmi und Dr. Christian Mehr, das mich auf meiner Expedition in das steinzeitliche Europa begleitet hat, sowie Georg Roether. Informationen zur Fernsehdokumentation sind zu finden unter:
www.artandscience.de

Der Autor Kai Helge Wirth ist Geograph und Kunstwissenschaftler und lehrt als Studienrat in Frankfurt am Main.